高职高专"十二五"规划教材

金工实训（项目化教程）

马韧宾　马文丽　主编
陈建超　刘新生　田　荣　副主编

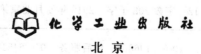

化学工业出版社

·北京·

本书是根据高等职业技术院校教学的实际情况和特点而编写的金工实习项目化教材。全书分为 6 个单元，主要内容包括：车工基本操作、铣工基本操作、磨工基本操作、钳工基本操作、焊工基本操作、数控车削基本操作等，每个单元的各个项目都是一项具体的技能训练任务，所有的内容安排都围绕技能训练任务的完成来展开，以提高学生的基本操作技能。

本书适合中、高等职业院校机械类、近机械类专业使用，也可作为职业技术培训教材或供有关技术人员参考。

图书在版编目（CIP）数据

金工实训：项目化教程/马韧宾，马文丽主编 . —北京：
化学工业出版社，2015.3（2018.9重印）

高职高专"十二五"规划教材
ISBN 978-7-122-23099-7

Ⅰ.①金…　Ⅱ.①马…②马…　Ⅲ.①金属加工-实习-
高等职业教育-教材　Ⅳ.①TG-45

中国版本图书馆 CIP 数据核字（2015）第 037323 号

责任编辑：王昕讲　　　　　　　装帧设计：刘丽华
责任校对：王　静

出版发行：化学工业出版社（北京市东城区青年湖南街 13 号　邮政编码 100011）
印　　刷：三河市航远印刷有限公司
装　　订：三河市宇新装订厂
787mm×1092mm　1/16　印张 12　字数 308 千字　2018 年 9 月北京第 1 版第 2 次印刷

购书咨询：010-64518888（传真：010-64519686）　售后服务：010-64518899
网　　址：http://www.cip.com.cn
凡购买本书，如有缺损质量问题，本社销售中心负责调换。

定　　价：26.00 元

前　言

本书以培养高等职业院校高端技能型人才为目标，以机械及相关专业岗位在实际生产中的常见加工方法为主要工作任务，对学生进行职业技能的基本训练。全书采用项目化教学，以工作任务为引领，突出工作过程的导向作用，以职业技能为核心，介绍了完成每一项工作任务所需要的相关知识及采取的具体操作程序、步骤，并通过任务实施练习相应技能。

全书按不同的加工方法，分为六个单元：车工基本操作、铣工基本操作、磨工基本操作、钳工基本操作、焊工基本操作及数控车削基本操作。每个单元遵循认识规律分为多个项目，各个项目又提供了必备的相关知识，提出了适当的实施任务。

"金工实习"课程对于高职高专机械及相近专业学生而言，是专业课开始前一门必修的实践类课程。本书可作为教学用书，对于机械加工有关的各技术工种的培训也有较大参考价值。

我们将为使用本书的教师免费提供电子教案等教学资源，需要者可以到化学工业出版社教学资源网站 http：//www. cipedu. com. cn 免费下载使用。

本书由唐山科技职业技术学院的马韧宾和马文丽主编，广州市轻工技师学院的陈建超以及唐山科技职业技术学院的刘新生和田荣副主编，唐山科技职业技术学院的张振涛、张娜、王文博参加了编写。

本书在编写过程中参阅了与金工实习有关的图书和文献，在此向有关作者表示感谢。

编　者

目　录

第一单元　车工基本操作

教　学　要　求

知识目标：

★ 了解金属切削的过程及切削运动的形式、特点。

★ 掌握金属切削刀具的组成及参数选择。

★ 掌握车削的基本内容及相关计算。

能力目标：

★ 能正确操作和调整车床。

★ 能正确使用和保养常用量具。

★ 能较熟练地对车床的基本加工进行操作。

在国民经济建设中，机械制造工业担负着为各行各业提供先进技术装备的重要任务。随着科学技术的飞速发展，高新技术不断涌现，对机械制造工业提出了更新、更高的要求。虽然少切削、无切削技术及特种加工技术得到一定应用，但在实际生产中，绝大多数的机械零件仍需要通过切削加工来达到规定的尺寸精度、形状和位置精度及表面粗糙度的要求，以满足产品的性能和使用要求。常用的切削加工有车削、铣削、刨削、磨削、镗削、制齿等方法。其中车削是最基本、最常用的加工方法。

本单元主要讲解了车床的组成及功用、车削加工方法及特点、车床常用刀具、量具工件的装夹方法、车床基本加工等内容。通过单元训练达到掌握操作方法的目的。

项目一　车床的操作与保养

【任务要求】

通过本任务的学习和训练，了解普通车床的组成及各部分的作用；了解车床的基本操作内容。

【知识内容】

一、认识车床

车床有卧式车床、立式车床、六角车床、多轴车床、数控车床等多种，较典型的是如图1-1-1所示的CA6140型卧式车床，它是了解和学习其他机床的基础。

CA6140型卧式车床结构组成及功用如下。

① 主轴箱的功用：支撑主轴、接受机床主电机的转动并为主轴提供多种转速。

② 进给箱的功用：接受主轴箱的运动、改变运动大小并将运动传给光杠或丝杠。

③ 溜板箱的功用：接受光杠或丝杠的运动、带动刀架实现纵向或横向运动。

④ 床身的功用：是机床的基础部件，连接机床的其他部件、支撑床鞍及尾座并为其

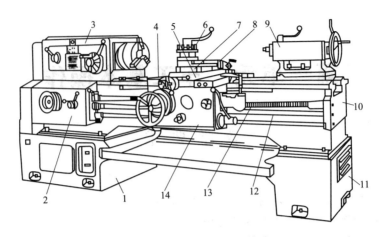

图 1-1-1　CA6140 型卧式车床

1,11—床腿；2—进给箱；3—主轴箱；4—床鞍；5—中滑板；6—刀架；
7—回转盘；8—小滑板；9—尾座；10—床身；12—光杠；13—丝杠；14—溜板箱

导向。

⑤ 尾座的功用：用于安装顶尖、钻头等工具、刀具。

二、车床的基本操作

1. 启动车床

确定机床各手柄处于正确位置后，首先合上机床的总开关，按动位于溜板箱上的主电机按钮，向上提起离合器手柄，主轴正向转动；向下压下离合器手柄时，主轴反转；离合器手柄处于中间位置时，主轴停止转动。

2. 主轴变速的调整

各种卧式车床的主轴变速方法大同小异。CA6140 型卧式车床的主轴变速是通过变换主轴箱前面右侧的两个同轴手柄来完成的。这两个手柄一直、一弯，直手柄有红、黄、蓝、黑四个挡位和两个空挡位；弯手柄有六个位置，每个位置有红、黄、蓝、黑四种颜色的速度数字，当直手柄在某一颜色位置时，主轴的速度为弯手柄所在位置的同颜色数字的速度。

需要特别说明的是：改变主轴速度时，主轴必须处于静止状态，否则容易造成齿轮损坏。

当直手柄处于空挡位置时，操作者可以较轻松地手动使主轴转动。

3. 手动移动刀架

（1）纵向移动刀架：逆时针转动床鞍手轮，可使溜板带动刀架向左移动；反之则可使溜板带动刀架向右移动。

（2）横向移动刀架：顺时针转动中滑板手柄，可使刀架向前移动；反之则可使刀架向后移动。

4. 机动移动刀架

当机床的光杠转动时，可通过搬动溜板箱右侧的刀架集中操作手柄，使刀架向左、右、前、后机动刀架，移动速度的高低与主轴的转速相联系，称为进给量，它是主轴每转一转，刀架沿进给方向移动的距离。进给量的大小可通过改变进给变速箱上手柄的位置来改变。

5. 快速移动刀架

在溜板箱右侧的刀架集中操作手柄上，有刀架快速移动电机控制按钮。当搬动此手柄向左、右、前、后四个方向的任何一个方向倾斜后，按动手柄上的快速电机按钮，可使刀架向手柄倾斜的方向快速移动刀架。这样，既减轻了操作者的劳动强度，也能提高生产率。

6. 车床的润滑保养

机床的润滑保养能保证机床的正常运转和延长机床的使用寿命。车床的主轴箱采用油泵润滑，每天开动机床后，要低速运转机床 2～3 分钟，看一看主轴箱油窗的供油情况；各个导轨擦拭干净并进行浇油润滑及油杯注油；光杠、丝杠的托架油池要有油绳并注油润滑；尾座套筒要擦拭后润滑；交换齿轮箱中各轮轴的黄油杯每周旋紧 1 圈润滑。

【任务实施】

　　任务名称：车床的正确操作及保养

　　任务要求：能正确操作车床，包括：车床的启动，主轴正向、反向及停止转动控制，主轴的速度调整，刀架的纵向、横向手动及机动进给；熟悉车床的润滑保养方法。

　　任务器材：每组一台卧式车床，机油壶每组一个，机油、钙基润滑脂若干。

　　操作步骤：

　　（1）进行车床的启动、关闭；主轴正向、反向及停止转动控制，主轴的速度调整。

　　（2）操作刀架的纵向、横向手动及机动进给。

　　（3）进行车床的润滑保养。

　　注意事项：

　　（1）启动车床之前，要确认机床各手柄处于正确位置后，再按动位于溜板箱上的主电机按钮。

　　（2）主轴变速时，应使主轴处于静止状态，若仍出现轮齿相碰时，应关闭电机。

　　成绩评定：见表 1-1-1。

表 1-1-1　成绩评定

机床号		机床号		姓名		学号		总得分	
项目		质量检测内容		配分	评分标准			实测结果	得分
车床的正确操作及保养		主轴正向、反向及停止转动控制		15 分	一次错误扣 5 分				
		主轴的速度调整		30 分	低、中、高速各一次，错一次扣 10 分				
		操作刀架的纵向、横向手动		10 分	错一次扣 5 分				
		操作刀架的纵向、横向机动进给		10 分	错一次扣 5 分				
		进行车床的润滑保养		25 分	漏掉一处扣 10 分				
安全文明生产				10 分	违者不得分				
现场记录：									

项目二　量具的认读

【任务要求】

　　通过本任务的学习和训练，了解车床常用量具的种类、组成、刻线原理，掌握其读数方法、使用方法及使用注意事项。

【知识内容】

　　一、游标卡尺

　　1. 游标卡尺的种类

　　游标卡尺是车床上常用的通用量具，有三用游标卡尺、双面游标卡尺、数显游标卡尺等几种，如图 1-2-1 所示。

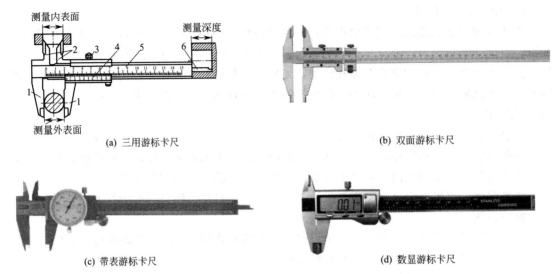

(a) 三用游标卡尺　　　　　　　　　　　　(b) 双面游标卡尺

(c) 带表游标卡尺　　　　　　　　　　　　(d) 数显游标卡尺

图 1-2-1　常见游标卡尺的种类

2. 游标卡尺的组成

游标卡尺由主尺、游标、深度尺、测量爪游标固定螺钉等组成。

3. 游标卡尺的刻线原理

（1）游标卡尺的分度值：是游标卡尺的读数精度，它是主尺与游标的刻线长度之差。

（2）0.02mm 游标卡尺的刻线原理：主尺的每格长度是 1mm，在游标上，将 49mm 长度等分成 50 小格，则每格长度为 49/50＝0.98（mm），主尺与游标的每格长度之差为 0.02mm，如图 1-2-2 所示。

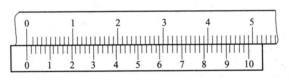

图 1-2-2　游标卡尺的刻线原理

4. 游标卡尺的读数方法

（1）读整数：读出游标 0 刻线所对主尺的左侧的整毫米数。

（2）读小数：在游标上找到与主尺对齐的刻线，依据游标上此刻线读出小数。

（3）将前两步的读数相加，得到读数，如图 1-2-3 所示。

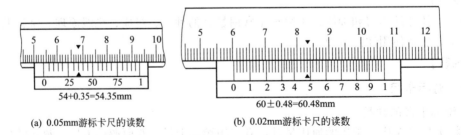

54+0.35=54.35mm　　　　　　　　　60±0.48=60.48mm

(a) 0.05mm游标卡尺的读数　　　　　　(b) 0.02mm游标卡尺的读数

图 1-2-3　游标卡尺读数

5．游标卡尺的使用方法

测量外部尺寸时，卡尺的外测量爪的开度要大于被测尺寸；测量内部尺寸时，内测量爪的开度要小于被测尺寸，然后轻移游标进行测量。

6．游标卡尺的使用注意事项

（1）测量前要校对"0"位线。

（2）测量时量爪要轻轻地靠向被测面。当接触后不能推力过大，否则会使游标量爪倾斜而造成测量误差。

（3）测量时，被测面与游标卡尺应成垂直位置，量爪不能歪斜。

（4）根据被测面的形状选择量爪的适当部位进行测量。如测量带有凹圆弧的表面时，应使用刀口状的量爪。

（5）读数时，眼睛要垂直地看所读的刻线，不能斜看，以免因视差引起的读数误差。

二、千分尺

1．千分尺的种类

千分尺也是车床上常用的通用量具，种类主要有外径千分尺、内径千分尺、公法线千分尺等。由于千分尺的制造精度要求高，所以千分尺的测量范围为每25 mm 一个规格。

2．千分尺及组成

外径千分尺由尺架、固定测砧、固定套筒、测微螺杆、微分筒、测力旋钮等组成，如图1-2-4所示。固定套筒基准线的上侧有整毫米刻线，下侧有半毫米刻线。测量范围小于 300mm 的千分尺，每25mm 一个规格。

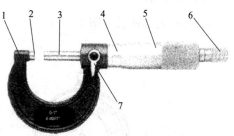

图 1-2-4　外径千分尺的组成

1—尺架；2—固定测砧；3—测微螺杆；

4—固定套筒；5—微分筒；

6—测力旋钮；7—固定旋钮

3．千分尺的刻线原理

千分尺的测微螺杆与微分筒相连，在测微螺杆上有螺距为 0.5mm 的精密螺纹，当微分筒旋转一周时，测微螺杆与微分筒均轴向移动0.5mm，在微分筒的周向有等分的 50 个周向刻线，当微分筒相对于固定套筒的基准线旋转一个刻线距时，测微螺杆则轴向移动 0.5/50＝0.01mm。

4．千分尺的读数方法

（1）读整数：先看固定套筒上露出的整毫米及半毫米的刻线，读出整毫米数及半毫米数。

（2）在微分筒上找出与固定套筒基准线对齐的刻线，以此刻线读出小数。

（3）将前面读出的整毫米、半毫米数及小数相加即得出读数。如图1-2-5 所示。

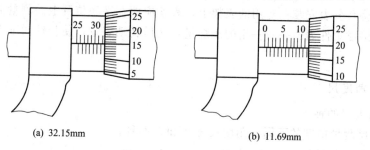

(a) 32.15mm　　　　　　　　　　(b) 11.69mm

图 1-2-5　千分尺的读数

5. 千分尺的使用方法

游标卡尺的使用注意事项如下。

（1）根据被测尺寸的大小选择相应规格的千分尺。

（2）使用前必须对量具进行"0"位检查，如图1-2-6所示。

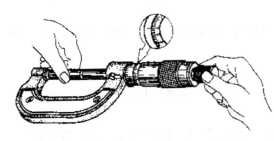

图1-2-6　用标准检验棒检验千分尺的"0"位

（3）在比较大的范围内调整时，应旋转微分筒。当测量面靠近被测表面时，才能转动棘轮。

（4）测量时，量具要放正，不能倾斜，并要注意温度对测量精度的影响。

（5）在读测量数值时，要防止在固定套管上多读或少读0.5mm（可结合游标卡尺读数）。

（6）不能用螺旋量具来测量毛坯或转动着的工件。

三、百分表

1. 百分表的种类（图1-2-7）

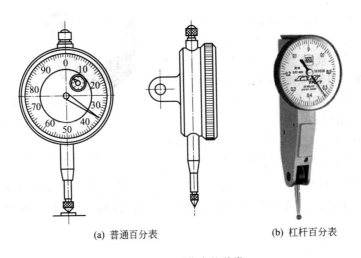

(a) 普通百分表　　　　　　　(b) 杠杆百分表

图1-2-7　百分表的种类

2. 百分表的结构（图1-2-8）

3. 百分表的使用方法

使用时要将百分表安装在专用的表架上，表架应放在平稳位置上。测量前先将百分表的测量触头垂直接触工件表面并有一定的压缩量，然后转动表盘，使长针对准零位，即可进行测量。

四、万能角度尺

1. 万能角度尺的种类

根据角度尺测量精度的不同，角度尺分 $2'$ 和 $5'$ 两种。

2. $2'$ 万能角度尺的组成（图1-2-9）

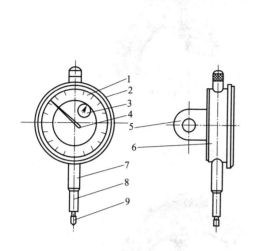

图 1-2-8　百分表的结构

1—表盘；2—表圈；3—转数指示盘；4—主指针；5—耳环；

6—表体；7—轴套；8—量杆；9—测量头

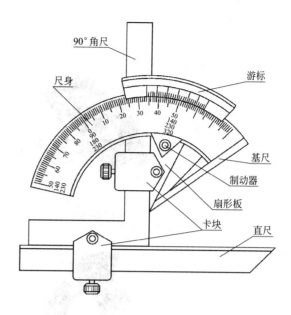

图 1-2-9　2′万能角度尺

3. 2′万能角度尺的刻线原理

如图 1-2-10 所示，尺身刻线每格所对圆心角为 1°，在游标上，将 29°所对的弧长等分为 30 格，游标每格所对圆心角为 29°/30＝58′，尺身 1 格和游标 1 格所对圆心角之差为 1°－58′＝2′，所以它的测量精度为 2′。

4. 万能角度尺的读数方法

先读出游标尺零刻度前面的整度数，再看游标尺第几条刻线和尺身刻线对齐，读出角度"′"的数值，最后两者相加就是测量角度的数值，如图 1-2-11 所示。

图 1-2-10　万能角度尺的刻线原理

(a) 2°16′　　　　　　　　(b) 16°12′

图 1-2-11　万能角度尺的读数

5. 万能角度尺的使用方法

万能角度尺的组合形式不同，其测量角度的范围不同，具体如图 1-2-12 所示。

6. 用万能角度尺测量

用万能角度尺测量前，先将角度尺正确组合并调整到需测量的角度，测量时，首先使基尺紧贴被测角的基准面，轻轻滑动角度尺，使角度尺的测量面与被测表面接触，用透光法观

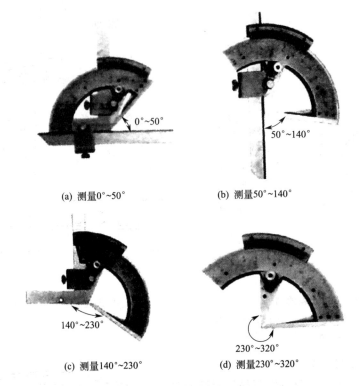

(a) 测量0°~50°　　　　　(b) 测量50°~140°

(c) 测量140°~230°　　　　　(d) 测量230°~320°

图 1-2-12　万能角度尺的使用

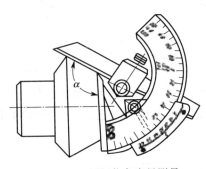

图 1-2-13　用万能角度尺测量

察角度尺的测量面与工件被测表面之间的贴合状况，判断工件角度的误差。若要得到误差数值，需要调节角度尺的角度，使角度尺的角度与工件角度相等，再将角度尺的数值与工件要求的角度数值比较，得到误差的数值。如图 1-2-13 所示。

7. 万能角度尺的使用注意事项

（1）应根据被测角度正确组合角度尺。

（2）测量时，保证基尺与基准面良好接触，然后用透光法观察测量面的贴合状况，确定角度误差。

（3）根据角度尺的组合类型正确进行读数。

【任务实施】

任务名称：常用量具的正确使用

任务要求：能正确使用并识读常用量具，能正确组合内径百分表及万能角度尺。

任务器材：每组一套量具，包括：150mm 三用游标卡尺，0~25mm、25~50mm 千分尺，15~35mm 内径百分表，2′万能角度尺各一个。

操作步骤：

（1）用三用游标卡尺测量工件的外径、槽宽及台阶长度。

（2）用外径千分尺测量测量圆柱面的直径。

（3）用内径百分表测量孔的圆度及圆柱度。

（4）用万能角度尺测量圆锥面的圆锥角。

注意事项：

（1）正确调整及使用上述量具。

（2）避免量具的磕碰及落地摔坏。

（3）测量完毕将量具擦拭干净，放入盒中。

成绩评定：见表1-2-1。

表1-2-1 成绩评定

工件号		机床号		姓名		学号		总得分	
项目	质量检测内容		配分		评分标准			实测结果	得分
常用量具的正确使用	用三用游标卡尺测量工件的外径、槽宽及台阶长度		30分		一种方法错误5分，一种读数错误扣5分				
	用外径千分尺测量测量圆柱面的直径		20分		方法错误或读数错误各扣10分				
	用内径百分表测量孔的圆度及圆柱度		20分		方法错误或读数错误各扣10分				
	用万能角度尺测量圆锥面的圆锥角		20分		方法错误或读数错误各扣10分				
安全文明生产			10分		违者不得分				
现场记录：									

项目三 车刀的刃磨

【任务要求】

通过本任务的学习和训练，了解车床常用刀具种类、组成和用途，掌握常用刀具的使用及刃磨方法。

【知识内容】

一、车刀切削部分的材料

1. 对刀具材料性能的要求

① 较高的硬度。

② 较高的塑性与韧性。

③ 较高的耐磨性。

④ 较高的红硬性。

⑤ 较好的经济性与工艺性。

2. 常用的刀具材料

（1）高速钢

高速钢是含钨（W）、钼（Mo）、铬（Cr）、钒（V）等合金元素较多的工具钢。高速钢刀具制造简单，刃磨方便，通过刃磨容易得到锋利的刃口，而且韧性较好，常用于承受冲击力较大的场合。高速钢的耐热性较差（耐热在600℃以下），因此不能用于高速切削。高速钢特别适用于制造各种结构复杂的成形刀具和孔加工刀具，例如，成形车刀、螺纹刀具、钻头和铰刀等。高速钢的类别、常用牌号、性质及应用见表1-3-1。

表 1-3-1　高速钢的类别、常用牌号、性质及应用

种类	典型型号	性　　能	应　　用
钨系	W18Cr4V	性能稳定，刃磨及热处理工艺控制较方便	金属钨的含量高，但价格较高，以后其使用将逐渐较少
钨钼系	W6Mo5Cr4V2	是国外为解决缺钨而研制的以取代 W18Cr4V 的高速钢，其高温塑性与冲击韧度都超过 W18Cr4V，而其切削性能却大致相同	主要用于制造热轧工具，如麻花钻定位等
	W9Mo3Cr4V	根据我国资源的实际情况研制的刀具材料。其强度和韧性均比 W6Mo5Cr4V2 好，高温塑性和切削性能良好	使用将逐渐增多

（2）硬质合金

　　硬质合金是用钨和碳化物粉末加钴作为黏结剂，高压压制成形后再经高温烧结而成的粉末冶金制品。硬度、耐磨性和耐热性均高于高速钢。用硬质合金刀具切削钢时，切削速度可达 220m/min 左右。硬质合金的缺点是韧性较差，承受不了大的冲击力。硬质合金是目前应用最广泛的一种车刀材料。硬质合金的分类、组成成分、常用代号、性能特点及应用见表 1-3-2。

表 1-3-2　硬质合金的分类、组成成分、常用代号、性能特点及应用

种类	性能特点	主要用途	典型型号	对应旧型号	性能 耐磨性	性能 韧性	适合的加工阶段
K 类（YG 类）	是硬质合金中抗冲击性较好的一类	适用于加工铸铁、有色金属等脆性材料以及较难切削的材料及断续切削场合	K01	YG3	↑	↓	精加工
			K10	YG6			半精加工
			K20	YG8			粗加工
P 类（YT 类）	是硬质合金中耐磨性较好的一类，但抗冲击性较差	适用于加工碳钢等塑性材料的平稳切削场合	P01	YT30	↑	↓	精加工
			P10	YT15			半精加工
			P30	YT5			粗加工
M 类（YW 类）	既有较好的抗冲击性，又有较好的耐磨性，被称为万能合金	既适用于加工脆性材料，也适用于加工塑性材料	M10	YW1	↑	↓	精加工、半精加工
			M20	YW2			半精加工、粗加工

二、车刀的种类和用途

1. 常用车刀的种类（图 1-3-1）

(a) 45°车刀　　(b) 75°车刀　　(c) 90°车刀　　(d) 切断刀　　(e) 螺纹车刀　　(f) 车孔刀

图 1-3-1　常用车刀的种类

2．常用车刀的用途

（1）45°车刀（弯头刀）：用于车端面、车外圆及倒角。

（2）75°车刀：主要用来车外圆，还可用于车端面，是常用的粗车刀。

（3）90°车刀（偏刀）：主要用来车外圆，还可用于车端面及倒角，是常用的精车刀。

（4）切断刀：用于切断工件及车外槽。

（5）螺纹车刀：用于车螺纹。根据刃磨的形状及角度不同，分普通螺纹车刀、英制螺纹车刀和梯形螺纹车刀等。

（6）车孔刀：用于车孔，也有粗车刀及精车刀之分。

（7）圆弧刀：用于车圆弧面（曲面）。

三、刀具的几何参数

1．工件上的表面

经刀具切削后，工件上会形成以下三个表面，如图 1-3-2 所示。

（1）待加工表面：由刀具即将去除的表面。

（2）已加工表面：经刀具切削后新产生的表面。

（3）过渡表面：介于待加工表面与已加工表面之间的与刀具切削刃相切的表面。

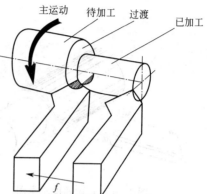

图 1-3-2　工件上的表面

2．切削运动和切削用量

（1）切削运动：完成切削加工必需的运动。

① 主运动：切削运动中的运动速度最高、消耗功率最高的运动。车削加工中的主运动是主轴的旋转运动。

② 进给运动：是刀具不断进入切削区域的运动。车削中的进给运动是刀具的纵、横向移动。

需要说明的是，多数机床主运动只有一个，而进给运动可以有多个，卧式普通车床有一个主运动——主轴的转动，有两个进给运动——刀架的纵向和横向移动。

（2）切削用量：描述切削运动大小的量，包括背吃刀量、进给量和切削速度，称为切削用量的三要素。

① 背吃刀量（a_p）：是工件的待加工表面到已加工表面的垂直距离，如图 1-3-3 所示。

由图中可知：
$$a_p = \frac{d_w - d_m}{2} \quad (\text{mm})$$

② 进给量（f）：是工件每转一转，刀具沿进给方向移动的距离（图 1-3-4），单位：mm/r。

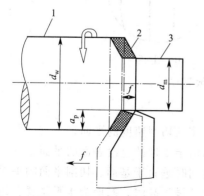

图 1-3-3　背吃刀量示意图
1—待加工表面；2—进给部位；3—已加工表面

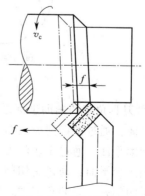

图 1-3-4　进给量示意图

③ 切削速度（v_c）：切削时，刀具切削刃上某选定点相对于待加工表面在主运动方向上的瞬时速度，如图 1-3-5 所示。（可理解为 1min 内，车刀在工件表面划过的长度）

$$v_c = \frac{\pi d n}{1000} \quad (\text{m/min})$$

3. 刀具切削部分的组成

刀具切削部分通常由以下各部分组成，如图 1-3-6 所示。

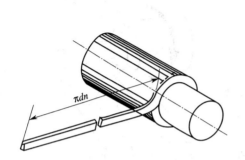

图 1-3-5 切削速度示意图

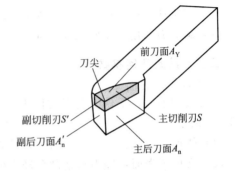

图 1-3-6 刀具切削部分的组成

(1) 前刀面：刀具上与切屑摩擦的表面。

(2) 主后刀面：刀具上与工件的过渡表面相对的表面。

(3) 副后刀面：刀具上与工件的已加工表面相对的表面。

(4) 主切削刃：刀具前面与主后面的交线。

(5) 副切削刃：刀具前面与副后面的交线。

(6) 刀尖：刀具的主切削刃与副切削刃的交线。

(7) 过渡刃：位于主、副切削刃之间的一小段取代刀尖的刀刃，有直线型和圆弧形两种，如图 1-3-7 所示。过渡刃的作用：提高刀尖的强度。

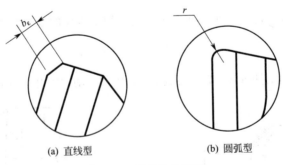

(a) 直线型　　　　　　　　(b) 圆弧型

图 1-3-7 刀具的过渡刃

4. 衡量刀具角度的辅助坐标平面（图 1-3-8）

(1) 基面：通过主切削刃上的某选定点且垂直于该点切削速度的平面。

(2) 切削平面：通过主切削刃上的某选定点且相切于工件的过渡表面的平面。

(3) 主正交平面：通过主切削刃上的某选定点且同时垂直于基面、切削平面的平面。

需要说明的是：安装车刀时，当刀刃与机床主轴轴线等高时，基面为水平位置、切削平面及正交平面是铅垂位置，三个坐标平面互相垂直，如图 1-3-9 所示。

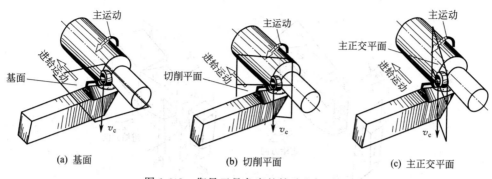

(a) 基面　　　　　　　　　(b) 切削平面　　　　　　　(c) 主正交平面

图 1-3-8　衡量刀具角度的辅助坐标平面

5. 刀具的几何角度

（1）主偏角：刀具的主切削刃在基面上的投影与进给方向之间的夹角。主偏角是车刀的基本角度，其大小影响刀尖的强度和刀尖的散热，影响刀具的受力。主偏角的大小主要根据加工性质选择：粗加工车刀的主偏角一般选 75°左右，精加工车刀一般在 90°～95°左右。

（2）副偏角：刀具的副切削刃在基面上的投影与进给反向之间的夹角。副偏角也是车刀的基本角度，其大小同样影响刀尖的强度和刀尖的散热。副偏角的大小主要根据加工性质选择：粗加工车刀的主偏角一般选 6°左右，精加工车刀一般在 10°左右。

（3）刀尖角：刀具的副、副切削刃在基面上的投影之间的夹角。它是车刀的派生角度，其大小影响刀尖的强度和刀具吸收及传散热量的能力。

主偏角＋副偏角＋刀尖角＝180°，如图 1-3-10 所示。

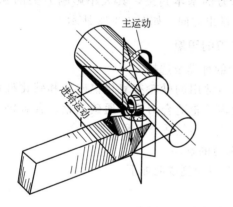

图 1-3-9　衡量刀具角度的辅助坐标平面的空间位置　　图 1-3-10　车刀的主偏角、副偏角及刀尖角

所谓基本角度，就是根据使用要求直接选择的角度；派生角度是当基本角度确定后自然形成的角度。

（4）前角（γ_0）：刀具的前面与基面之间的夹角，如图 1-3-11（a）所示。前角是车刀的基本角度，其大小影响刀具（刀刃）的锋利程度和强度，影响切削变形和切削力。前角的大小主要根据工件材料的硬度、刀具材料的性质及加工性质选择。

（5）主后角（α_0）：刀具的主后面与切削平面之间的夹角，如图 1-3-11（b）所示。

主后角也是车刀的基本角度，其大小影响刀具的强度，影响刀具与工件的摩擦。主后角的大小主要根据加工性质选择：粗加工车刀：$\alpha_0=3°\sim5°$；精加工车刀：$\alpha_0=5°\sim8°$。

（6）楔角（β_0）：刀具的前面与主后面之间的夹角。楔角是车刀的派生角度，其大小影

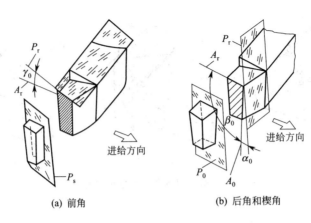

(a) 前角　　　　　　　　　　(b) 后角和楔角

图 1-3-11　车刀的前角和后角

响刀刃的锋利程度和强度。

前角＋主后角＋楔角＝90°。

（7）副后角：刀具的副后面与（副）切削平面之间的夹角。副后角也是车刀的基本角度，其大小影响刀具的强度，影响刀具与工件的摩擦。后角的大小主要根据加工性质选择：粗加工车刀：$\alpha_0 = 3° \sim 5°$；精加工车刀：$\alpha_0 = 5° \sim 8°$。

（8）刃倾角：刀具的主切削刃与基面之间的夹角。刃倾角是车刀的基本角度，其大小影响刀尖的强度，影响切屑的排出方向。如图 1-3-12 所示。

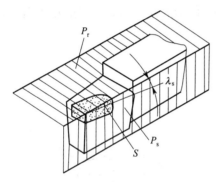

图 1-3-12　车刀的刃倾角

四、车刀的刃磨

1. 砂轮的种类及选择

刃磨车刀常用的砂轮有氧化铝砂轮和碳化硅砂轮两种。氧化铝砂轮适合刃磨普通碳素钢、合金钢及高速钢等，碳化硅砂轮适合刃磨硬质合金车刀。

2. 磨车刀的顺序

以 75°车刀为例说明如下。

（1）粗磨顺序

① 粗磨主后面，将主后面磨成一个面，初定主偏角及主后角。

② 粗磨副后面，将副后面磨成一个面，初定副偏角及副后角。

（2）精磨顺序

① 精磨前刀面，磨出前角，控制前面粗糙度。

② 精磨主后面，确定主偏角及主后角，控制主后面的粗糙度。

③ 精磨副后面，确定副偏角及副后角，控制副后面的粗糙度。

④ 磨出过渡刃。

⑤ 磨出倒棱。

⑥ 研磨车刀。

【任务实施】

　　任务名称：刃磨常用车刀

任务要求： 掌握砂轮机的安全使用要求；能正确选择砂轮；掌握正确的磨刀方法；能对常用车刀进行合理的参数选择及刃磨。

任务器材： 砂轮机 2～3 台，45°车刀、75°车刀、90°车刀及切刀每人各一把。

操作步骤：

1. 粗磨

（1）粗磨主后面，将主后面磨成一个面，初定主偏角及主后角。

（2）粗磨副后面，将副后面磨成一个面，初定副偏角及副后角。

2. 精磨

（1）精磨前刀面，磨出前角，控制前面粗糙度。

（2）精磨主后面，确定主偏角及主后角，控制主后面的粗糙度。

（3）精磨副后面，确定副偏角及副后角，控制副后面的粗糙度。

（4）磨出过渡刃。

（5）磨出倒棱。

（6）研磨车刀。

注意事项：

（1）开动砂轮机之前，检查砂轮机是否正常，砂轮片是否完好，身体避开砂轮片回转面后开动砂轮机，待砂轮机运转平稳后才能开始刃磨。

（2）不允许两个人同时在一个砂轮片上刃磨；尽量不在砂轮的侧面刃磨。

（3）磨刀时，身体应尽量避开砂轮片的回转平面，以免砂轮炸裂伤人。

（4）磨刀用力不能太大，刀具要拿稳，应使刀具在砂轮的外缘左右移动，以使砂轮磨损均匀。

（5）磨刀完毕及时关闭电源。

成绩评定： 见表 1-3-3。

表 1-3-3　成绩评定

工件号		机床号		姓名		学号		总得分	
项目	质量检测内容		配分		评分标准			实测结果	得分
刃磨常用车刀	刃磨 75°粗车刀		20 分		一个角度刃磨不合理，扣 5 分，缺少一项扣 5 分，砂轮选择错误扣 10 分				
	刃磨 45°弯头刀		15 分		一个角度刃磨不合理，扣 5 分，缺少一项扣 5 分，砂轮选择错误扣 10 分				
	刃磨 90°精车刀		20 分		一个角度刃磨不合理，扣 5 分，缺少一项扣 5 分，砂轮选择错误扣 10 分				
	刃磨切断刀		20 分		一个角度刃磨不合理，扣 5 分，缺少一项扣 5 分，砂轮选择错误扣 10 分				
	刃磨高速钢普通螺纹车刀		15 分		一个角度刃磨不合理，扣 5 分，缺少一项扣 5 分，砂轮选择错误扣 10 分				
安全文明生产			10 分		违者不得分				
现场记录：									

项目四　车削加工方法

【任务要求】

通过本任务的学习和训练，了解车床上工件的装夹方法、刀具的装夹要求、车床的基本加工内容及加工方法。

【知识内容】

一、工件的装夹方法

在卧式车床上，工件通常用三爪自定心卡盘（图 1-4-1）、四爪单动卡盘（图 1-4-2）、一夹一顶、两顶尖等方法装夹。

1. 用三爪自定心卡盘装夹

装夹工件方便、省时，但夹紧力小，适用于装夹外形规则的中小型工件。

图 1-4-1　三爪自定心卡盘　　　　　　　　　图 1-4-2　四爪单动卡盘

2. 用四爪单动卡盘装夹

工件用四爪单动卡盘装夹时，一般需要找正。找正的要求就是使工件的中心与车床的主轴中心重合。装夹工件费时、费力，但夹紧力较大，适用于装夹外形不规则的工件。

3. 用一夹一顶装夹

车削一般轴类工件，尤其是较长、较重的工件时，可将工件的一端用卡盘夹紧，另一端钻出中心孔后，用顶尖支顶，这种装夹方法称为一夹一顶装夹，如图 1-4-3 所示。一夹一顶的装夹刚度大、安全可靠，能承受较大的进给力，因此应用广泛。

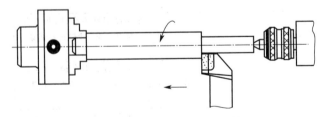

图 1-4-3　用一夹一顶装夹工件

中心孔：有 A、B、C 及 R 型四种结构形状，用中心钻钻出，其中 A 型结构简单，应用广泛；B 型中心孔是在 A 型的基础上多了 120° 护锥面，保护 60° 的定位圆锥面。中心孔与中心钻的形状如图 1-4-4 所示。

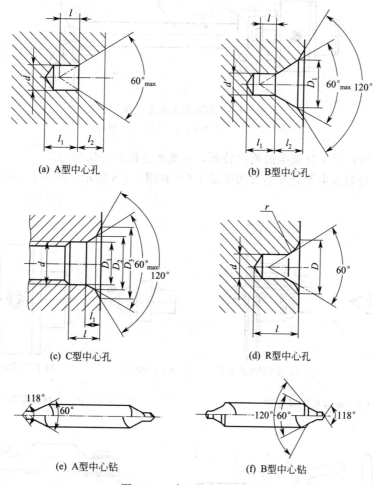

(a) A型中心孔　　(b) B型中心孔

(c) C型中心孔　　(d) R型中心孔

(e) A型中心钻　　(f) B型中心钻

图 1-4-4　中心孔与中心钻

顶尖：有固定顶尖（死顶尖）和回转顶尖（活顶尖）两种（图 1-4-5），固定顶尖的装夹刚度大，支撑精度高，但顶尖的支顶锥面与中心孔的锥面之间有相对转动，会由于摩擦而产生热量，需控制支顶力的大小，也可在中心孔中加润滑脂减小摩擦，避免因过热烧毁顶尖及中心孔；回转顶尖适合较高的转速，但支顶精度低于固定顶尖。

(a) 固定顶尖　　　　　　　(b) 回转顶尖

图 1-4-5　顶尖

4. 用两顶尖装夹

用两顶尖装夹轴类工件时，工件两端均需钻出中心孔，分别用前、后两个顶尖支顶装夹，工件用卡盘爪（或拨盘）拨动鸡心夹头带动工件转动，如图 1-4-6 所示。这种装夹方法的结构简单且定位精度高，适合工件的反复定位，易实现多工序的定位基准统一，适合批量加工轴类工件、加工结构比较复杂或工序较多的轴类工件轴类工件、使用后需修复的轴类工

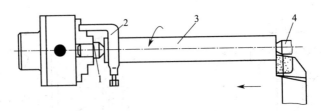

图 1-4-6 用两顶尖装夹工件

1—前顶尖；2—鸡心夹头；3—工件；4—后顶尖

件，应用广泛，缺点是工件装夹的刚度较低，不能承受较大的切削力。

标准顶尖、自制顶尖及其安装方法如图 1-4-7 和图 1-4-8 所示。图 1-4-9 所示是鸡心夹头的结构形状。

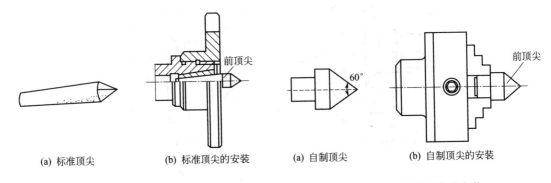

(a) 标准顶尖　(b) 标准顶尖的安装

图 1-4-7　标准顶尖及安装

(a) 自制顶尖　(b) 自制顶尖的安装

图 1-4-8　自制顶尖及安装

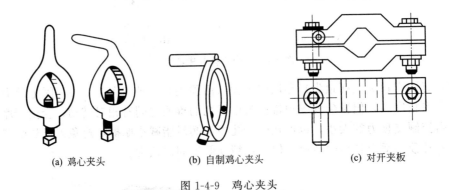

(a) 鸡心夹头　　(b) 自制鸡心夹头　　(c) 对开夹板

图 1-4-9　鸡心夹头

二、刀具的装夹

对常用车刀的装夹有下面一些要求。

（1）刀尖的高度应与机床主轴轴线等高。对于平端面的车刀，若刀尖的高度不等于主轴轴线的高度，则工件端面将不能被车平；其他车刀的装刀高度不等于主轴轴线高度时，会引起车刀一些角度的变化，进而引起车刀切削性能的变化，影响工件的加工质量。

（2）刀具的伸出长度应为刀杆厚度的 1～1.5 倍。装夹刀具时，刀杆的伸出如果太长，则会引起刀具在切削时的振动加大，使工件的尺寸加大及表面质量受到影响，振动过大容易造成刀具的崩尖或崩刃；刀具伸出长度太短时，对刀及车削时观察困难。

（3）刀垫应与刀架端面对齐、数量应尽量少，一般不超过 3 个。刀垫垫的不宜过多，否则容易引起刀具的振动。

（4）刀杆的对称线应垂直于工件轴线。

（5）每个车刀至少应用 2 个螺钉压紧。

三、车床的基本加工

1. 车削外圆、台阶和端面

（1）粗车和精车

工件的加工一般应分成粗加工和精加工两个加工阶段。在粗加工阶段，应将毛坯的加工余量基本去除，只留出少量的精加工余量即可。在机床动力、刀具强度等条件允许的情况下，应使刀具在一次走刀的切削中尽量多地切去多余的余量，进给量尽量大些，以减少切削时间，提高生产率，所以，要求粗车刀具有较高的强度；在精加工阶段，要去除粗加工剩余的精加工余量，保证工件的加工精度，所以，要求精车刀锋利，耐磨，车削质量好。

（2）车外圆、台阶和端面的车刀

① 45°车刀（弯头刀）。45°车刀可用于车外圆、端面和倒角，主要用于车端面及倒角。如图 1-4-10 和图 1-4-11 所示。

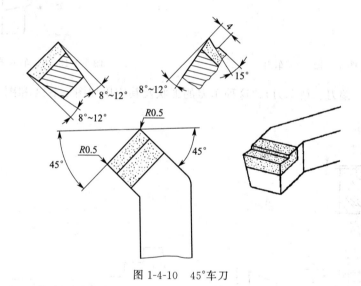

图 1-4-10　45°车刀

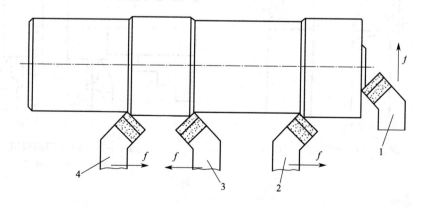

图 1-4-11　45°车刀的应用

1,3—右偏刀；2,4—左偏刀

② 75°车刀（粗车刀）。75°车刀的刀尖角大于90°，刀尖的强度高，承载能力强，特别适合粗加工，其形状和应用如图 1-4-12 和图 1-4-13 所示。

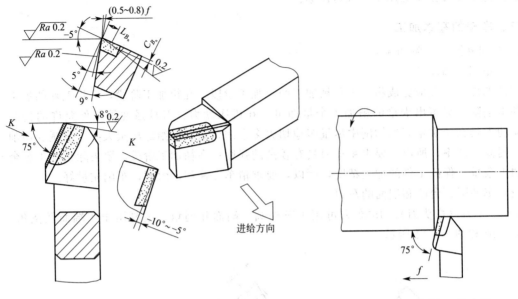

图 1-4-12　75°车刀

图 1-4-13　75°车刀的应用

③ 90°车刀（偏刀、精车刀）。这种车刀的形状及其应用如图 1-4-14 和图 1-4-15 所示。

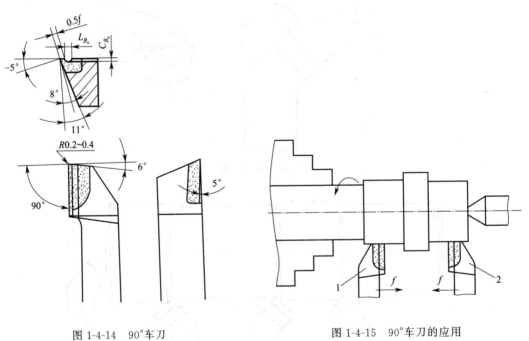

图 1-4-14　90°车刀

图 1-4-15　90°车刀的应用

1—左偏刀；2—右偏刀

（3）车端面

① 车端面的车刀

a. 用45°弯头刀车端面：这是常用的车端面的方法，如图 1-4-16 所示。

b. 用90°车刀车端面（图1-4-17）：由于此时刀具的副偏角较小，车出的端面表面质量好，但若背吃刀量较大时，容易将端面车成中凹形。

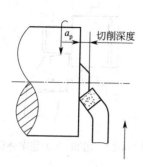

图1-4-16 用45°刀车端面

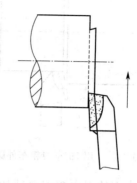

图1-4-17 用90°车刀车端面

② 长度尺寸的控制。长度尺寸的控制有以下三种方法。

a. 用钢直尺控制：方法如图1-4-18所示。工件静止，直尺的左端与刀尖对齐，工件的端面对齐直尺上欲车削长度的刻线，然后转动工件并用刀尖在工件表面划出加工界限。

b. 用大滑板刻度盘控制：先移动大滑板及中滑板使车刀刀尖与圆柱端面对齐，然后观察大滑板刻度盘的位置，再纵向移动车刀，用大滑板刻度盘控制车刀的移动距离，开动机床使工件旋转，用车刀在工件表面划出长度车削界限。

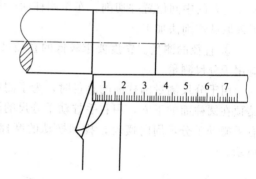

图1-4-18 用钢直尺控制车削长度

c. 用小滑板刻度盘控制：当长度尺寸的精度要求较高时，可用小滑板刻度盘较精确地控制小滑板移动的移动量来精确控制车刀尺寸。

③ 长度尺寸的测量

a. 用直尺测量：一般的长度尺寸可用直尺测量，如图1-4-19所示。

b. 用游标卡尺测量：有精度要求的尺寸，可用游标卡尺测量，如图1-4-20所示。

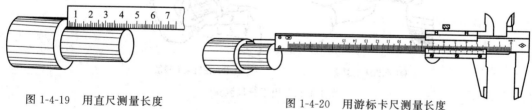

图1-4-19 用直尺测量长度

图1-4-20 用游标卡尺测量长度

（4）车外圆

① 车外圆的车刀

a. 用75°车刀粗车外圆，如图1-4-21所示。

b. 用90°车刀精车外圆，如图1-4-22所示。

② 直径尺寸精度的控制。车床加工工件的直径尺寸精度要求一般比较高，加工中可采取如下的方法控制。

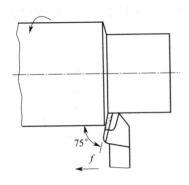

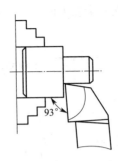

图 1-4-21　用 75°车刀粗车外圆　　　　　图 1-4-22　用 90°车刀精车外圆

　　先用精车刀的刀尖在需要精加工的圆柱面上轻轻划出刀痕（对刀），纵向退离圆柱面，横向进刀，进刀量大致为圆柱面精加工余量的一半并切削（注意刀具不要切到左边的台阶，以免刀具受力变大而改变位置），在距左台阶 1mm 左右时停止走刀并退回（此时的中滑板手柄不能转动），测量该圆柱面的直径，根据剩余余量的大小，将车刀的刀尖调整到圆柱面尺寸公差的中间位置并切削，车至圆柱面的全长后，横向退刀。为了保证加工的尺寸合格，可采取试切削法加工。

　　③ 直径的测量。精度要求较低的直径尺寸，可用游标卡尺测量，精度要求较高的尺寸，应用千分尺测量。

　　用千分尺测量圆柱面的直径时，为了测量到圆柱面的直径，应用左手将千分尺的固定测砧顶在圆柱面的下方，用右手拧动千分尺的测力旋钮，使测微螺杆轻轻接触工件表面，同时右手搬动千分尺周向摆动，找到摆动的摩擦部位为直径所在位置，进行测量。如图 1-4-23 所示。

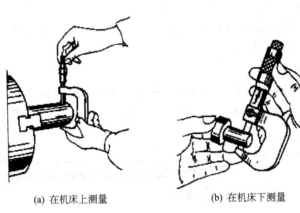

(a) 在机床上测量　　　　　　　　(b) 在机床下测量

图 1-4-23　用千分尺测量

　　④ 中、小滑板刻度盘的正确使用。顺时针转动中滑板手柄时，会使刀架带动刀具向前移动，反之则向后移动。在将手柄从顺时针转动变换到逆时针转动时，由于螺纹配合间隙的影响，会有手柄逆时针小幅转动时，刀具静止不动的现象。因此，当顺时针转动手柄超过需要调整的位置时，应逆时针多转动一定角度，以消除螺纹副的间隙，再顺时针转动手柄至刻度盘欲调整的位置即可。如图 1-4-24 所示。

　　2. 车沟槽与切断

　　（1）沟槽的常见种类（图 1-4-25）

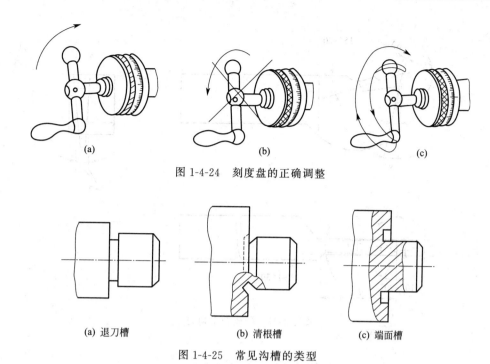

图 1-4-24 刻度盘的正确调整

(a) 退刀槽　　　　(b) 清根槽　　　　(c) 端面槽

图 1-4-25 常见沟槽的类型

（2）车沟槽的车刀。车槽车刀的主切削刃长度应略小于或等于槽宽；主切削刃应与工件的轴线平行。高速钢切刀的形状尺寸如图 1-4-26 所示，硬质合金切刀的形状尺寸如图 1-4-27 所示。

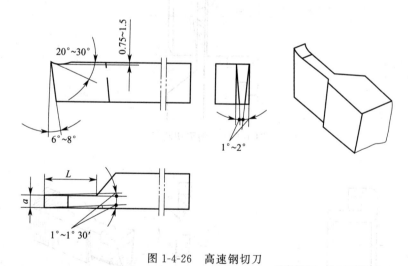

图 1-4-26 高速钢切刀

（3）切断用的车刀。切断用的车刀形状与车槽车刀的形状基本一致，所不同的地方有：刀头长度应略大于工件的被切深度；另外应将前端的右侧刀尖磨得略长于左端刀尖，以使切断工件时，工件的背切面较平整，不留凸台。但主切削刃倾斜不要过大，以免因切削抗力使刀头变形而损坏，如图 1-4-28 所示。

（4）车端面槽的方法。常见沟槽的车削方法如图 1-4-29 所示。

3. 孔的车削

（1）车孔的车刀

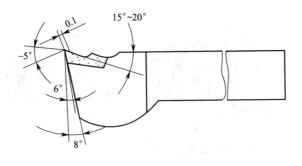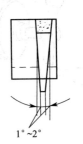

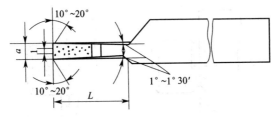

图 1-4-27 硬质合金切刀

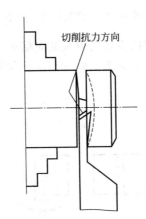

图 1-4-28 斜刃切断刀

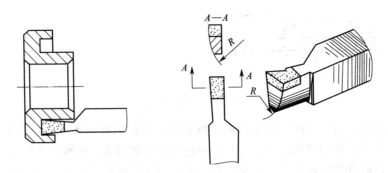

图 1-4-29 常见沟槽的车削方法

① 通孔车刀如图 1-4-30 所示。

② 盲孔车刀如图 1-4-31 所示。

（2）车孔深度的控制

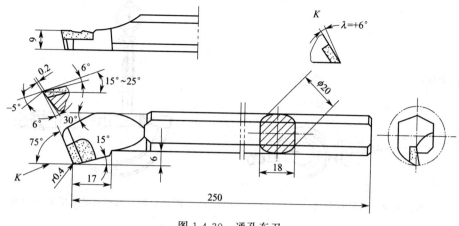

图 1-4-30　通孔车刀

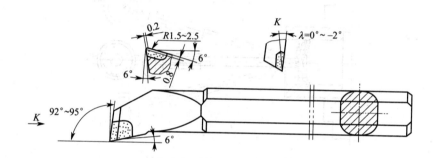

图 1-4-31　盲孔车刀

① 在车刀刀杆上划痕控制：先将孔深的尺寸用石笔在车孔刀的刀杆上划出刻线，其与刀尖的距离为孔深的尺寸，车孔时，当刻线与孔口端面平齐时，孔深已达到要求。

② 用刻度盘控制：孔较浅（只有几毫米）时，可用小滑板刻度盘控制，方法是：径向对好车刀后，转动小滑板手柄使车刀与孔口接触，观察小滑板刻度盘的位置，然后转动小滑板手柄带动车刀车削，用小滑板刻度盘控制孔深；孔较浅时，用大滑板刻度盘控制孔深即可。

（3）孔深的测量

① 用直尺测量：一般的长度尺寸可用直尺测量。

② 用游标卡尺测量：有精度要求的尺寸，可用游标卡尺测量。测量方法与车外圆柱面时相同。

（4）孔径的测量

内径百分表如图 1-4-32 所示，用内径百分表测量的方法如下。

① 安装百分表：将百分表安装在百分表架上，百分表的测量杆要有初压缩量（百分表的小指针指向 1～2 即可），如图 1-4-33 所示。

② 安装可调测量棒：根据被测孔径的大小，选择合适的测量棒安装在表架上。调整测量棒的长度，使被测尺寸在活动测头总移动量的中间位置。

③ 结合千分尺调整内径百分表。

④ 用内径百分表测量孔的直径（如图 1-4-34 所示）。

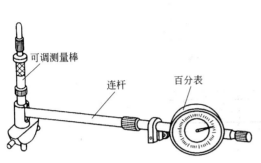

图 1-4-32　内径百分表　　　　　图 1-4-33　内径百分表的安装与校对

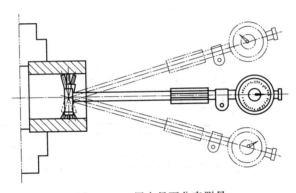

图 1-4-34　用内径百分表测量

4．圆锥面的车削

（1）圆锥的基本参数（图 1-4-35）

① 最大圆锥直径（D）：是圆锥大端的直径，简称圆锥的大径。

② 最小圆锥直径（d）：是圆锥小端的直径，简称圆锥的小径。

③ 圆锥长度（L）：是圆锥大、小端面之间的轴向距离。

④ 圆锥半角（$\alpha/2$）：是在通过圆锥轴线的截面内，圆锥素线与轴线之间的夹角。

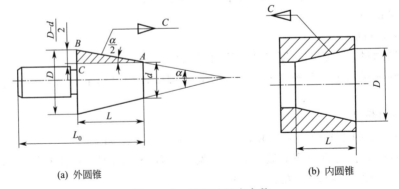

（a）外圆锥　　　　　　　　　　　　（b）内圆锥

图 1-4-35　圆锥的基本参数

⑤ 锥度（C）：是圆锥的大、小端直径之差与锥长之比。即：

$$C = \frac{D-d}{L}$$

（2）圆锥参数的计算

① 圆锥的基本计算公式由图 1-4-35 可推出：

$$\tan(\alpha/2)=\frac{D-d}{2L}$$

圆锥的四个基本参数，在已知三个参数时，第四个参数即可用上式求出。

② 圆锥的锥度与圆锥角之间的关系，由圆锥的基本定义可知：

$$\tan(\alpha/2)=\frac{D-d}{2L}=\frac{C}{2}$$

上式表明：圆锥的锥度与圆锥角是圆锥的同一参数，都是表示圆锥素线相对于圆锥轴线倾斜程度的参数。

例 1：有一个外圆锥，已知 $D=70\text{mm}$，$d=60\text{mm}$，$L=100\text{mm}$，其圆锥半角 $\alpha/2$ 是多少？

$$\tan(\alpha/2)=\frac{D-d}{2L}$$

解：由公式

$$\tan(\alpha/2)=\frac{70-60}{2\times100}=0.05$$

则 $\alpha/2=2.87°=2°52'$

（3）车圆锥的方法

① 转动小滑板法：首先将车床的小滑板（顺时针或逆时针）转动工件的圆锥半角($\alpha/2$)，使小滑板的移动轨迹与所需加工圆锥在水平轴平面内的素线平行，用手动小滑板带动刀具移动进行车削，如图 1-4-36 所示。

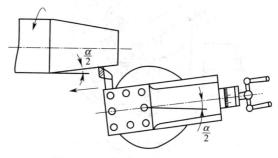

转动小滑板法车圆锥的特点：方法简单，能车削任何角度的内、外圆锥面；应用广泛，但只能采用手动进给；劳动强度大，锥面的表面粗糙度较难控制，受小滑板行程的限制，只能加工素线长度不长的圆锥面；适用于单件、小批量生产。

图 1-4-36　转动小滑板法车圆锥面

② 偏移尾座法：将车床尾座的上层滑板横向（向内或向外）调整移动一个距离 S，使前、后顶尖的连线与车床主轴轴线相交成一个等于圆锥半角（$\alpha/2$）的角度，当床鞍带动车刀沿着平行于主轴轴线方向移动切削时，工件就车成一个圆锥体，如图 1-4-37 所示。

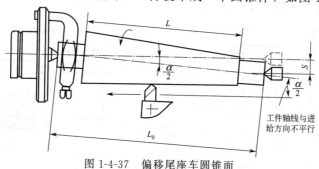

图 1-4-37　偏移尾座车圆锥面

由图 1-4-37 中可知，尾座偏移量的计算公式如下。

$$S = L_0 \tan \frac{\alpha}{2} \qquad \text{或} \qquad S = \frac{C}{2} L_0$$

式中　S——尾座偏移量，mm；

　　　L_0——工件全长，mm；

　　　C——工件圆锥面的锥度。

偏移尾座法车圆锥的特点：适合批量加工锥度小、精度不高、锥体较长的工件；因受尾座偏移量的限制，不能加工锥度大的工件；可以采用纵向机动进给，使表面粗糙度值减小，圆锥的表面质量较好；但不能加工整锥体或内圆锥。

（4）圆锥的测量

圆锥的测量除一般尺寸外，主要是测量圆周角的精度、圆锥面的接触精度及大、小端的尺寸精度。

① 用万能角度尺测量：主要用于测量圆锥角的精度。测量时，保证基尺与圆锥一侧素线良好接触，然后用透光法观察测量面与圆锥另一侧素线的贴合状况，确定角度误差；根据误差的大小及透光位置，确定小滑板或尾座的移动量及移动方向。如图 1-4-38 所示。

② 用角度样板测量：用角度样板测量的方法与角度尺相同。用样板检测角度的精度，能判断出角度精度的高低，简便、快捷，但不能读出误差的大小。如图 1-4-39 所示。

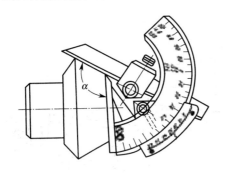

图 1-4-38　用万能角度尺测量圆锥面

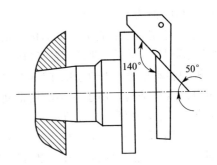

图 1-4-39　用角度样板测量圆锥面

③ 用圆锥量规测量：用圆锥量规检验圆锥，能根据内、外圆锥面的接触情况，得到两圆锥面的锥角的符合程度，在圆锥角相符后，还能根据锥面的位置，得到圆锥径向尺寸是否合格，是对圆锥面的综合检验。其检验方法是：先在外圆锥表面的周向相隔 120° 处均匀涂抹显示剂（如红丹粉膏），然后将内圆锥面（圆锥量规）与外圆锥面配合并施以不大的轴向力后，使两锥面间相对旋转半周，分开两圆锥面，观察外圆锥面上显示剂的擦痕，判断两圆锥面锥角的符合状况。如图 1-4-40 所示。

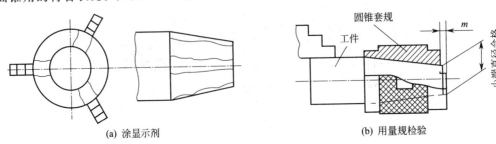

(a) 涂显示剂　　　　　　　　　　　　　(b) 用量规检验

图 1-4-40　用圆锥量规测量圆锥面

5.成形面的车削

（1）成形面的常见类型（图 1-4-41）

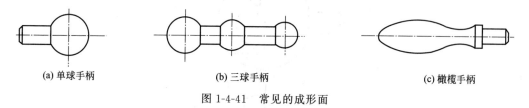

(a) 单球手柄　　　　　　　(b) 三球手柄　　　　　　　　(c) 橄榄手柄

图 1-4-41　常见的成形面

（2）车成形面的车刀

① 普通曲面车刀，如图 1-4-42 所示。

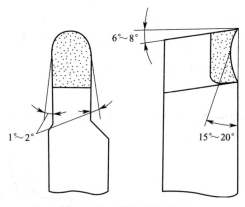

图 1-4-42　普通曲面车刀

② 专用成形刀及使用，如图 1-4-43 所示。

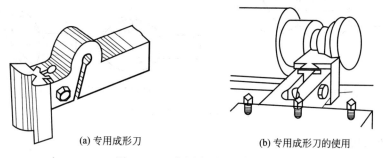

(a) 专用成形刀　　　　　　　　　(b) 专用成形刀的使用

图 1-4-43　专用成形刀及使用

（3）车成形面的方法

① 双手控制法：用双手分别控制刀具的纵向及横向移动速度，使车刀得到合成的曲线移动轨迹。从图 1-4-44 中可以看出，车刀车削曲面不同点时，车刀在 a 点时的纵向移动速度较大，横向的移动速度很小，随着车刀从 a 点向 b 点移动时，纵向向右的移动速度是逐渐减小，而横向向前的移动速度逐渐增大；在 b 点的纵、横向移动速度相等，随着车刀从 b 点向 c 点移动时，纵向向右的移动速度仍是逐渐减小，而横向向前的移动速度继续增大。

② 成形刀法：如图 1-4-43(b) 所示。

（4）成形面的测量

① 用圆弧样板检验：用样板检验时，用透光法观察成形面的轮廓度，检验方便、快捷。

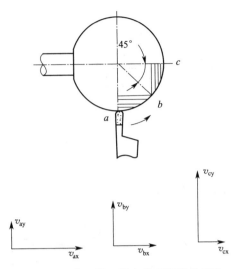

图 1-4-44　车刀纵、横向移动速度的变化

如图 1-4-45（a）所示。

　　② 用游标卡尺或千分尺测量：用游标卡尺或千分尺能对其尺寸进行测量，但不能检验曲面的轮廓度。如图 1-4-45（b）所示。

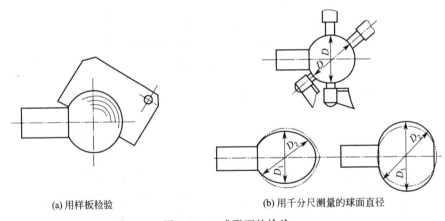

(a) 用样板检验　　　　　　　　　　(b) 用千分尺测量的球面直径

图 1-4-45　成形面的检验

6. 螺纹的车削

（1）常用螺纹的种类

常用螺纹有普通螺纹（公制三角形螺纹）、梯形螺纹、锯齿形螺纹等，如图 1-4-46 所示。

(a) 三角形螺纹　　　　　(b) 梯形螺纹　　　　　(c) 锯齿形螺纹

图 1-4-46　常见螺纹的种类

（2）普通螺纹的基本参数（图 1-4-47）

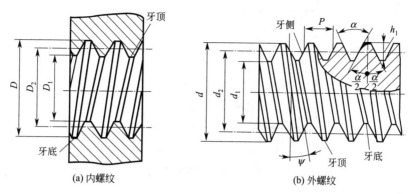

图 1-4-47　普通螺纹的基本参数

① 螺纹牙型：在通过螺纹轴线的剖面内，螺纹的牙的形状。常见的有：三角形、梯形、锯齿形等，如图 1-4-48 所示。

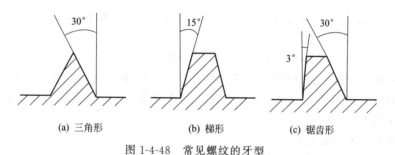

图 1-4-48　常见螺纹的牙型

② 牙型角（α）：在通过螺纹轴线的剖面内，相邻两牙侧之间的夹角。普通螺纹是 $60°$，公制梯形螺纹是 $30°$。

③ 螺纹高度（h_1）：在通过螺纹轴线的剖面内，牙顶到牙底之间的径向距离。

④ 螺纹大径（d、D）：是螺纹的牙顶所在的圆柱面的直径，又称公称直径，是代表螺纹规格的参数。

⑤ 螺纹小径（d_1、D_1）：是螺纹的牙底所在的圆柱面的直径。

⑥ 螺纹中径（d_2、D_2）：在通过螺纹轴线的剖面内，牙宽与牙槽宽相等的部位所在的圆柱面的直径。

⑦ 螺距（P）：在通过螺纹轴线的剖面内，相邻两牙同位点之间的轴向距离。

⑧ 导程（P_h）：在通过螺纹轴线的剖面内，同一螺旋线上的相邻两牙同位点之间的轴向距离。

$$P_h = nP$$

式中　P_h——导程，mm；

　　　n——线数；

　　　P——螺距，mm。

⑨ 螺纹升角（ψ）：定义在螺纹中径螺旋线的切线与螺纹轴垂线之间的夹角。其大小影响螺纹连接的可靠性与传动螺纹的效率。如图 1-4-49 所示。

由图中可知：

$$\tan\psi = \frac{nP}{\pi d_2}$$

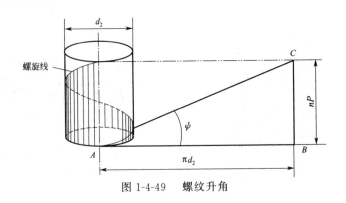

图 1-4-49　螺纹升角

（3）普通螺纹的种类

普通螺纹分粗牙螺纹和细牙螺纹两种。

① 粗牙普通螺纹：螺距较大且为标准螺距的螺纹。

粗牙普通螺纹的标记：螺纹代号 M 公称直径-精度等级（标记中没有螺距）。

例如：M24-6g 表示：粗牙普通螺纹，公称直径 24mm，螺距 3mm（国家标准规定）精度 6 级，g 级配合的外螺纹。

② 细牙普通螺纹：螺距相对较小且为标准螺距的螺纹。

细牙普通螺纹的标记：螺纹代号 M 公称直径×螺距-精度等级（标记中有螺距）。

例如：M24×2-6G 表示：细牙普通螺纹，公称直径 24mm，螺距 2mm（国家标准规定）精度 6 级，G 级配合的内螺纹。

（4）普通螺纹的参数计算

① 螺纹大径 $d(D)$：公称直径 $d=D$。

② 螺纹中径 $d_2(D_2)$：$d_2=d-0.6495P=D_2$。

③ 螺纹小径 $d_1(D_1)$：$d_1=d-1.0825P=D_1$。

④ 牙型高度 h_1：$h_1=0.5413P$。

例 2：计算 M28×2 螺纹的中径 d_2、小径 d_1 及牙高 h_1。

解：已知 $d=28$mm，$P=2$mm，由公式：

螺纹中径：$d_2=d-0.6495P=28-0.6495×2=26.701$（mm）。

螺纹小径：$d_1=d-1.0825P=28-1.0825×2=25.835$（mm）。

牙型高度：$h_1=0.5413P=0.5413×2=1.0825$（mm）。

（5）车螺纹的车刀

① 高速钢普通外螺纹粗车刀，如图 1-4-50（a）。

② 高速钢普通外螺纹精车刀，如图 1-4-50（b）。

③ 硬质合金普通外螺纹车刀：用硬质合金车刀高速车螺纹时，会有工件牙型角略微扩大的现象，因此，应将刀具的刀尖角磨小一些。实践证明，刀尖角应小于牙型角 $30'$ 左右，如图 1-4-51 所示。

（6）螺纹车刀的刃磨

螺纹车刀的刃磨方法与其他车刀基本相同，但增加了刀尖角大小的控制、对称控制及两个主切削刃后角稍有大小的变化。刀尖角应与螺纹的牙型角相同，通常用角度样板检查。如图 1-4-52 所示。

（7）螺纹车刀的安装

螺纹车刀的安装除了具有其他车刀的装刀要求外，还要求车刀两个主切削刃应对称，使车

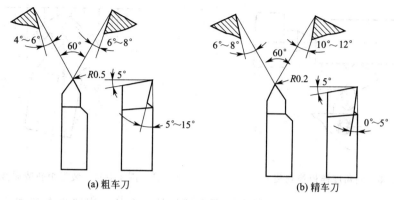

(a) 粗车刀　　　　　　　　　　　(b) 精车刀

图 1-4-50　高速钢外螺纹车刀

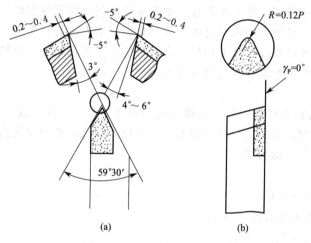

(a)　　　　　　　　　　(b)

图 1-4-51　硬质合金螺纹车刀

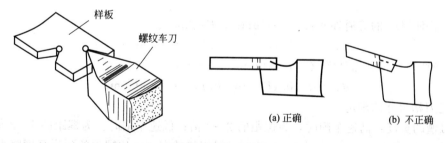

(a) 正确　　　　　　　　(b) 不正确

图 1-4-52　用角度样板检查螺纹车刀的刀尖角

出的螺纹的牙型半角相等。安装螺纹车刀用螺纹车刀样板检查装刀，表面歪斜。如图 1-4-53 和图 1-4-54 所示。

（8）车螺纹的方法

一般情况下，车削加工螺纹要经过车刀的几次甚至多次循环才能将螺纹车成。如何保证每次车削时，车刀刀尖都能落到螺纹牙槽中呢？通常可采取以下两种方法。

① 开倒顺车法：在螺纹的车削过程中，从工件（主轴）到刀具的传动链始终是闭合的。右手控制主轴正向旋转车螺纹，当刀尖到了螺纹终点时，左手控制刀具横向退出，并且随着主轴反转时，车刀纵向退回到螺纹起点，如此反复车削，将螺纹车成。

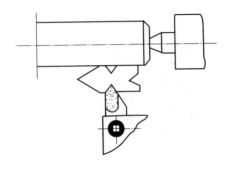

图 1-4-53　用角度样板检查装刀

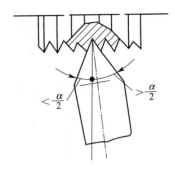

图 1-4-54　装刀歪斜造成倒牙

② 提开合螺母法：在螺纹的车削中，开合螺母是闭合的，当刀尖车至螺纹终点时，右手迅速提起开合螺母，左手横向退刀，再将车刀移至螺纹起点，横向调整好进刀量，右手将开合螺母手柄压下，进行下一次车削循环，如此反复车削，将螺纹车成。

需要说明的是：不是所有的螺纹都能用提开合螺母的方法进行车削，只有工件的螺距能被机床丝杠的螺距整除的螺纹，才能用提开合螺母的方法进行车削，否则车螺纹时将产生乱牙的现象。而开倒顺车法车螺纹，适合所有的螺纹的车削加工。

（9）车外螺纹

① 车螺纹前圆柱杆直径的确定：车螺纹时，由于刀具的挤压，使金属发生变形，圆柱杆的直径会变大，同时，螺纹的牙顶要求有一定宽度，因此，车螺纹之前，应将圆柱杆的直径车小些，由经验得到下面公式：

$$d_杆 = d - 0.1P$$

式中　$d_杆$——圆柱杆的直径，mm；

　　　d——螺纹的公称直径，mm；

　　　P——螺纹的螺距，mm。

例 3：分别车削 M16 及 M16×1 的普通外螺纹，试计算车螺纹前的圆柱杆直径分别为多少？

解：车削 M16 的普通外螺纹，$d=16$mm，$P=2$mm。

$$d_杆 = d - 0.1P = 16 - 0.1 \times 2 = 15.8 (\text{mm})$$

车削 M16×1 的普通外螺纹，$d=16$mm，$P=1$mm。

$$d_杆 = d - 0.1P = 16 - 0.1 \times 1 = 15.9 (\text{mm})$$

② 退刀槽尺寸的确定

a. 刀槽的宽度：高速车削时，为螺距的 2～3 倍；低速车削时。为螺距的 1～2 倍。

b. 退刀槽的深度：比螺纹的牙形高度略大一些即可。也可控制退刀槽的直径，略小于螺纹小径即可。如图 1-4-55 所示。

③ 车螺纹前，调整好机床后，按螺纹的车削方法，先用螺纹刀在圆柱面上轻划一刀，检查螺距是否正确。螺距较小时，也可检查几个螺距之和。如图 1-4-56所示。

④ 车螺纹的进刀方式：一般要经过几次车削循环，螺纹才能加工完成。进刀的方式不同，车削的效

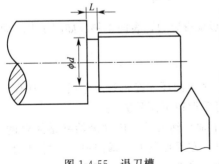

图 1-4-55　退刀槽

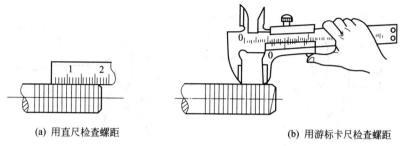

(a) 用直尺检查螺距　　　　　　　　　(b) 用游标卡尺检查螺距

图 1-4-56　螺距检查

果不同。常用的进刀方式有如下三种。如图 1-4-57 所示。

(a) 直进法　　　　　　(b) 斜进法　　　　　　(c) 左右进刀法

图 1-4-57　车螺纹时的进刀方式

　　a. 直进法：调整刀具简单，但刀具的两个主切削刃及前端的横刃均参与切削，刀具受力大，容易崩刃及产生振动，适合小螺距（$P<2$mm）螺纹的粗、精加工。

　　b. 斜进法：调整刀具比较简单，刀具的一个主切削刃及前端的横刃均参与切削，刀具受力较小，切削平稳，但刀刃的磨损不均匀，适合较大螺距（$P>2$mm）螺纹的粗加工。

　　c. 左右进刀法：调整刀具比较麻烦，刀具的一个主切削刃及前端的横刃均参与切削，刀具受力较小，切削平稳，且刀刃的磨损均匀，适合较大螺距（$P>2$mm）螺纹的粗、精加工。

　　随着刀具的循环切削，刀尖的切削负荷逐渐增大，为了避免刀具刀尖损坏，刀具后一次的径向切入量要略小于前一次。

　　⑤ 刀具的总切入深度：刀具的总切入深度为：$a_p≈0.65P$。

　　⑥ 中途换刀方法：在车螺纹的过程中，如果刀具损坏，或粗车完成后换精车刀，都需重新安装螺纹车刀。而新安装的车刀，其刀尖必须准确地切入螺纹的牙槽中。如何保证新安装的螺纹车刀的刀尖准确地进入螺纹牙槽中呢？方法如下：

　　将新的螺纹车刀装夹完成后，按车螺纹的方法使工件转动并带动刀具移动，再将工件缓慢停止（注意不要使工件产生反向转动），然后，调整刀具纵、横向移动，使刀尖进入螺纹的牙槽中，记下中滑板刻度盘的位置，退出车刀，开动机床使工件转动少许，再按上述方法校对一下对刀的准确性，若刀尖准确地进入牙槽中，表明对刀准确，可继续车螺纹。

　　（10）车内螺纹

　　① 高速钢普通内螺纹车刀：粗车刀的径向前角 γ_p 为 10°～15°，排屑顺畅，但会使工件的牙型角产生一定误差；而精车刀的 $\gamma_p=0°$，工件的牙型角等于刀具的刀尖角，能加工出比较准确的螺纹牙型角。如图 1-4-58 所示。

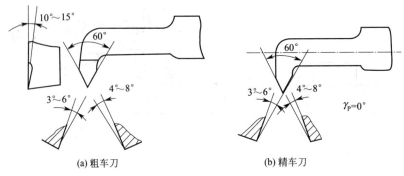

(a) 粗车刀   (b) 精车刀

图 1-4-58 高速钢内螺纹车刀

② 内螺纹车刀的安装，如图 1-4-59 所示。

③ 检查车刀的刀柄尺寸，如图 1-4-60 所示。

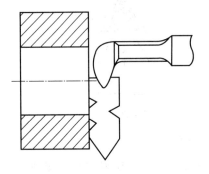

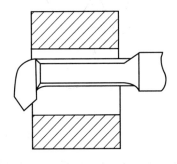

图 1-4-59 内螺纹车刀的安装   图 1-4-60 检查车刀刀柄尺寸

④ 车螺纹前的底孔直径的确定：与车外螺纹一样，车内螺纹时，由于刀具的挤压，使金属发生变形，导致车完螺纹后的牙顶直径会略小于车螺纹之前的孔径，因此，应在车内螺纹之前，将圆柱孔的直径车得略大于螺纹小径的尺寸。材料的塑性越大，变化也越大。由经验得出下面公式：

在塑性材料上车内螺纹时：$D_{孔} = D - P$

在脆性材料上车内螺纹时：$D_{孔} = D - 1.05P$

例 4：分别在 45 钢和铸铁材料上车削 M30 的内螺纹，问：车螺纹前的底孔直径应各为多少？

解：M30，$D = 30\text{mm}$，$P = 3.5\text{mm}$

在 45 钢上车内螺纹时：$D_{孔} = D - P = 30 - 3.5 = 26.5(\text{mm})$

在铸铁材料上车内螺纹时：$D_{孔} = D - 1.05P = 30 - 1.05 \times 3.5 = 26.325(\text{mm})$

⑤ 车内螺纹时的其他事项：车内螺纹的对刀、进刀及退刀方向与车外螺纹时相反；而进刀深度等与车外螺纹相同。

(11) 普通螺纹的测量

① 单项测量：单项测量是检测螺纹的某项参数。

a. 大径检测：螺纹大径的公差较大，一般可用游标卡尺检测。

b. 螺距检测：可用直尺或螺纹规检测，用直尺检测时，若螺距较小，可检测几个螺距之和，然后取其平均值。

　　用螺纹规检测时，螺纹规应沿轴向嵌入牙槽中，如果与螺纹的牙槽完全吻合，说明被检测的螺距是正确的。如图 1-4-61 所示。

　　c. 中径检测：普通螺纹的中径一般用螺纹千分尺检测。

　　② 综合测量：综合测量是用螺纹量规对螺纹的各参数同时进行检测的一种检验方法。综合检测的效率高，使用方便，能较好地保证互换性，广泛应用于对标准螺纹或大批量生产螺纹的检测。

　　螺纹环规用于检测外螺纹，如图 1-4-62 所示。一套螺纹环规包括一个通规和一个止规。当螺纹环规能拧入且止规不能拧入，则说明螺纹精度符合要求。

图 1-4-61　用螺纹规检测螺距

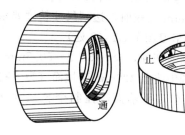

图 1-4-62　螺纹环规

【任务实施】

　　任务名称 1：车削外圆柱面、端面及台阶（图 1-4-63）

　　任务要求：能正确选用切削用量；正确选择和使用车外圆的常用刀具；正确选择和使用外圆量具；加工工艺正确；控制外圆柱面的直径、长度尺寸的精度及表面粗糙度精度的方法正确。

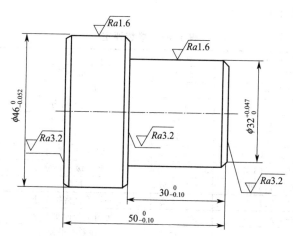

技术要求：

1. 操作时间：30min，每超 1min 扣 1 分，提前交件不加分。

2. 各端面与轴线垂直。

3. 各加工面不能用纱布等修光。

4. 棱边倒钝 $C1$。

图 1-4-63　车削外圆柱面、端面及台阶

任务器材：量具：300mm 钢直尺一个，0～150mm 游标卡尺一个，25～50mm 千分尺一个。

　　　　　　车刀：所需车刀的种类及数量自定、自备。

操作步骤：

（1）装夹坯料，用三爪自定心卡盘装夹，端面伸出 70mm，夹紧。

（2）粗加工

① 用 45°车刀平端面，达到表面粗糙度要求。

② 用 75°车刀粗车 $\phi 46$mm 外圆至 $\phi 47$mm（留 1mm 的精车余量），长度 55mm；粗车 $\phi 32$mm 外圆至 $\phi 33$mm，用游标卡尺测量。

（3）精加工

① 用 90°车刀精车 30mm 轴向尺寸达到精度要求，用游标卡尺测量，台阶的表面粗糙度到达要求；精车 $\phi 32$mm 圆柱面，达到尺寸精度要求，用千分尺测量，表面粗糙度达到要求；精车 $\phi 46$mm 圆柱面，达到尺寸精度要求，用千分尺测量，表面粗糙度达到要求。

② 用 45°车刀倒角 C1（2 处）。

③ 用切断刀切断，全长 50.2～50.5mm。

④ 工件调头装夹 $\phi 32$mm 圆柱面（为了避免夹伤已加工表面，被夹圆柱面上可垫铜皮）。

⑤ 用 45°车刀平端面，控制全长尺寸达到要求，用游标卡尺测量，表面粗糙度达到要求。

⑥ 倒角 C1（1 处）。

（4）卸下工件，加工完毕。

注意事项：

（1）加工中，应分出粗加工和精加工两个阶段。

（2）注意粗加工及精加工的切削用量选择正确。

（3）用千分尺测量前，建议先用游标卡尺测量，再用千分尺测量，将测得的结果与游标卡尺作比较，避免单纯用千分尺测量出现尺寸差 0.5mm。

成绩评定：见表 1-4-1。

表 1-4-1　成绩评定

工件号		机床号		姓名		学号		总得分	
项目		质量检测内容	配分		评分标准		实测结果		得分
车削外圆柱面、端面及台阶		$\phi 32^{+0.047}_{0}$mm	15 分		超差不得分				
		$\phi 46^{0}_{-0.052}$mm	15 分		超差不得分				
		$30^{0}_{-0.10}$mm	12 分		超差不得分				
		$50^{0}_{-0.10}$mm	12 分		超差不得分				
		表面粗糙度 Ra1.6（2 处）	$2\times6=12$ 分		降一级不得分				
		表面粗糙度 Ra3.2（3 处）	$3\times4=12$ 分		降一级不得分				
		端面与轴线垂直（3 处）	$3\times3=9$ 分		目测				
		倒角 C1（3 处）	$3\times1=3$ 分		一处不合格扣 1 分				
		超时扣分			每超 1 分钟扣 1 分				
安全文明生产			10 分		违者不得分				
现场记录：									

任务名称 2：车沟槽（材料：用车外圆柱面练习件，如图 1-4-64 所示）

任务要求：能正确选用切削用量；正确刃磨和使用车槽车刀；能正确控制沟槽的位置；能保证的尺寸符合要求；加工工艺正确。

任务器材：量具：300mm 钢直尺一个，0～150mm 游标卡尺一个，25～50mm 千分尺一个。

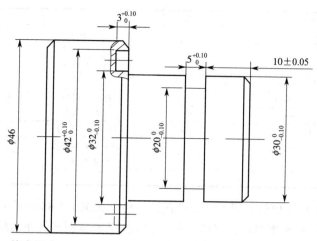

技术要求：1. 沟槽各表面的粗糙度为 $Ra3.2$。
　　　　　2. 操作时间：30min。

图 1-4-64　车沟槽工件

车刀：车槽刀等所需车刀的种类及数量自定、自备。

操作步骤：

（1）装夹工件，用三爪自定心卡盘装夹 $\phi46$mm 外圆面并找正（可将工件轻夹后，用方形铜棒靠一下端面）。

（2）精车 $\phi32$mm 表面至 $\phi30$mm，公差符合要求。

（3）粗车径向槽：用硬质合金径向切槽刀从距右端面略大于 10mm 处切入，深度小于 5mm。

（4）精车径向槽：精车槽的右侧面，控制 10mm±0.05mm；精车侧左面，控制槽宽的尺寸达精度要求；精车槽底面，控制槽底直径尺寸达精度要求。

（5）安装轴向车槽刀。

（6）粗车轴向槽，先确定轴向槽的径向位置：工件静止，用轴向车槽刀的内测刀尖轻贴 $\phi46$mm 的表面，然后右移车刀离开工件，横向向前移动车刀 6.5mm（用中滑板刻度盘控制）。

（7）用小滑板纵向移动车刀，将刀刃接触端面，记一下小滑板的刻度位置并在此基础上向左切入 2.5mm。

（8）精车轴向槽的 $\phi32$mm 表面达尺寸精度要求；精车轴向槽的 $\phi42$mm 表面达尺寸精度要求；精车槽底表面，达深度要求。

（9）卸下工件，加工完毕。

注意事项：

车端面车的车刀，其外侧后刀面应磨成比端面槽圆弧半角略小的凸弧形，使其具有一定的后角，以防止后刀面与端面槽相碰。

成绩评定：见表 1-4-2。

表 1-4-2　成绩评定

工件号		机床号		姓名		学号		总得分	
项目		质量检测内容		配分		评分标准		实测结果	得分
车沟槽		10mm±0.05mm		10 分		超差不得分			
		$5^{+0.10}_{0}$mm		15 分		超差不得分			

工件号		机床号		姓名		学号		总得分	
项目	质量检测内容		配分		评分标准		实测结果		得分
车沟槽	$\phi 20_{-0.10}^{\ 0}$mm		12 分		超差不得分				
	$\phi 30_{-0.10}^{\ 0}$mm		5 分		超差不得分				
	$\phi 32_{-0.10}^{\ 0}$mm		10 分		超差不得分				
	$\phi 42_{+0.10}^{\ 0}$mm		10 分		超差不得分				
	$3_{\ 0}^{+0.10}$mm		10 分		超差不得分				
	表面粗糙度 $Ra3.2$		3×6＝18 分		降一级不得分				
	超时扣分				超 1 分钟扣 1 分				
安全文明生产			10 分		违者不得分				
现场记录：									

任务名称 3：车孔（材料：用车外圆柱面练习件，如图 1-4-65 所示）

任务要求：通过车孔练习，会安排车孔的加工工艺；掌握车孔车刀的刃磨技术；掌握内径百分表的组装、对表调整方法及内径百分表的正确使用。

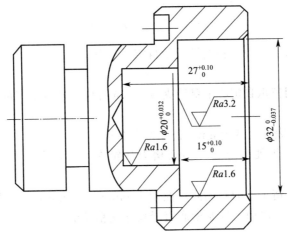

技术要求：1. 操作时间：60min，每超 1min 扣 1 分，提起
　　　　　　　完成不加分。
　　　　　　2. 各加工面不允许用纱布等修光。
　　　　　　3. 倒角 C1。

图 1-4-65　车孔练习图

任务器材：量具：300mm 钢直尺一把，0～150mm 游标卡尺一把，深度游标尺一把，0～25mm、25～50mm 千分尺各一把，5～18mm 及 ϕ18～35mm 内径百分表各一个。

刀具：ϕ18mm、ϕ30mm 钻头各一个及过渡套，自备车孔刀具及其他刀具。

操作步骤：

（1）装夹工件的 ϕ30mm 表面，端面贴平卡盘爪。

（2）平端面，钻 ϕ18mm 孔，深度大于 27mm；钻 ϕ30mm 孔，深度 15mm。

（3）粗车孔：用盲孔粗车刀车直径为 ϕ20mm 的小孔，深度 27mm；车直径为 ϕ32mm 的大孔，深度 15mm（留余量 0.4～0.5mm）。

（4）精车孔：用盲孔精车刀精车直径为 ϕ20mm 的小孔，达到尺寸精度及表面粗糙度要求，深度 27mm 达到尺寸精度要求，若车深了，可以用去除端面的方法修正；精车直径为 ϕ32mm 的大孔，达到尺寸精度及表面粗糙度要求，深度 15mm 达到尺寸精度要求（由于不能去除端面材料，可将深度尺寸先车短一些，待直径车完后再车长度尺寸）。

（5）孔口倒角 $C1$。

（6）卸下工件，加工完毕。

注意事项：

（1）钻 $\phi18$mm 的孔时，待钻头的钻尖钻出 $\phi10$mm 左右的凹坑时，再记钻头的钻入深度；钻 $\phi30$mm 的孔，从钻头接触已钻孔口时开始记钻入深度。

（2）粗、精车孔刀的主偏角应略大于 $90°$。

（3）精车直径为 $\phi32$mm 的大孔之前，小孔及深度已经车完，在车此孔的深度时必须注意：15mm 的深度尺寸不能车大了，可先车小些，再修正。

成绩评定：见表 1-4-3。

表 1-4-3　成绩评定

工件号		机床号		姓名		学号		总得分	
项目		质量检测内容		配分		评分标准		实测结果	得分
车孔		$\phi 20^{+0.032}_{0}$mm		18 分		超差不得分			
		$\phi 32^{0}_{-0.037}$mm		15 分		超差不得分			
		$27^{+0.10}_{0}$mm		14 分		超差不得分			
		$15^{+0.10}_{0}$mm		13 分		超差不得分			
		表面粗糙度 $Ra1.6$(2 处)		$2\times10=20$ 分		降一级不得分			
		表面粗糙度 $Ra3.2$(2 处)		8 分		超差不得分			
		倒角 $C1$		2 分					
		超时扣分				每超 1 分钟扣 1 分			
安全文明生产				10 分		违者不得分			
现场记录：									

任务名称 4：车圆锥面（图 1-4-66）

任务要求：通过练习，掌握用转动小滑板法车圆锥的基本操作方法；掌握用圆锥量规控制圆锥角度的方法及圆锥线性尺寸的控制方法等。

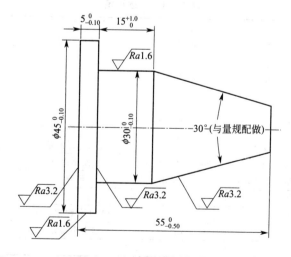

技术要求： 1. 操作时间：40min，每超 1min 扣 1 分，提起完成不加分。

　　　　　　2. 用标准量规检验圆锥面的接触面积及圆锥角的大小。

　　　　　　3. 各加工面不允许用纱布等修光。

　　　　　　4. 倒角 $C1$。

图 1-4-66　车圆锥练习

任务器材：量具：300mm 钢直尺一把，0～150mm 游标卡尺一把，25～50mm 千分尺一把，万能样板角度尺一个，30°圆锥环规一个。工具：250mm 活络扳手一把、红丹粉、机油适量。

操作步骤：

（1）装夹毛坯，露出 65mm。

（2）粗加工

① 用 45°刀车平端面。

② 车外圆至 ϕ46mm，长度 60mm。

③ 车外圆至 ϕ31mm，长度 55mm。

④ 调整小滑板逆时针转动圆锥半角（15°）车圆锥面（保证前端的 15～16mm 的轴向尺寸）。

（3）精加工

① 用 90°精车刀车 ϕ30mm 的长度尺寸 50mm，精车圆柱面，达到尺寸精度及表面粗糙度要求。

② 精车 ϕ45mm 圆柱面，达到尺寸精度及表面粗糙度要求，长度大于 5mm。

③ 精车圆锥面：先根据量规检测的锥面接触状况调准小滑板转动角度，再控制 15mm 长度尺寸。

④ 用切断刀切断工件，控制 55mm 长度尺寸。

⑤ 工件调头装夹，平端面，控制 5mm 长度尺寸的精度及平面的粗糙度。

注意事项：

（1）精车圆锥面的刀具，其装刀高度要认真控制，避免精车圆锥面的素线产生双曲线误差。

（2）用量规检测圆锥面的锥角精度时，需细致地检测和调整小滑板，避免调整过量。

成绩评定：见表 1-4-4。

表 1-4-4 成绩评定

工件号		机床号		姓名		学号		总得分	
项目		质量检测内容		配分		评分标准		实测结果	得分
车外圆锥		$\phi 30_{-0.10}^{\ 0}$mm		10 分		超差不得分			
		$\phi 45_{-0.10}^{\ 0}$mm		10 分		超差不得分			
		$5_{-0.10}^{\ 0}$mm		10 分		超差不得分			
		$15_{0}^{+1.0}$mm		15 分		超差不得分			
		圆锥面的接触面积		15 分		以接触面积的大小赋分			
		锥面素线的直线度		10		用刀口尺测量			
		表面粗糙度 Ra1.6(2处)		2×5=10 分		超差不得分			
		表面粗糙度 Ra3.2(3处)		3×3=9 分		目测			
		未注倒角(2处)		2×0.5=1 分					
		超时扣分				每超 1 分钟扣 1 分			
安全文明生产				10 分		违者不得分			
现场记录：									

任务名称 5：车成形面（图 1-4-67）

任务要求：通过练习，掌握普通圆弧刀的刃磨技术；掌握成形面的车削技术。

任务器材：材料：45 钢，规格：ϕ50mm。

量具：300mm 钢直尺、0～150mm 游标卡尺、圆弧样板。

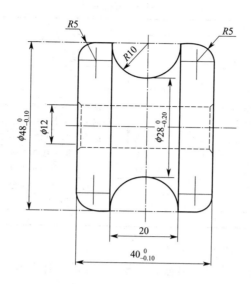

技术要求：

　1. 操作时间：50min，每超 1min 扣 1 分，提前完成不加分。

　2. 圆弧面不能用成形刀车削。

　3. 各曲面用 R 规检验，间隙≤0.1mm；与平面光滑连接。

　4. 各加工面的表面粗糙度为 $Ra3.2$；不允许用纱布等修光。

　5. 倒角 $C1$。

图 1-4-67　车成形面练习

刀具：普通圆弧刀、$\phi12$mm 麻花钻头及其他刀具。

操作步骤：

（1）装夹毛坯，露出 60mm。

（2）粗加工

① 用 45° 刀平端面。

② 车外圆至 $\phi49$mm。

③ 用外圆车刀划出 $R10$mm 的加工界限。

④ 用普通圆弧刀粗车 $R10$mm 曲面，底部车至 $\phi29$mm。

⑤ 钻孔 $\phi12$mm，深 45mm。

（3）精加工

① 用 90° 车刀车 $\phi48$mm 外圆至要求的尺寸精度及表面粗糙度。

② 用圆弧刀车 $R10$ 曲面符合样板及粗糙度要求。

③ 用圆弧刀车右侧 $R5$mm 曲面符合样板及粗糙度要求，用 90° 车刀车内孔倒角 $C0.5$。

④ 用切断刀切全长 40mm，留少许余量。

⑤ 用圆弧刀车左侧 $R5$mm 曲面符合样板及粗糙度要求。

⑥ 用切断刀切断，掉头装夹并找正。

⑦ 平端面达长度要求，内孔倒角 $C0.5$。

注意事项：

调头装夹时，为避免夹伤已加工表面，可在工件表面加垫铜皮。

成绩评定：见表 1-4-5。

表 1-4-5　成绩评定

工件号		机床号		姓名	学号		总得分	
项目	质量检测内容		配分	评分标准		实测结果	得分	
车曲面	$\phi 48{-0.10}^{0}$ mm（2 处）		2×4＝8 分	超差不得分				
	$\phi 28{-0.20}^{0}$ mm		10 分	超差不得分				
	R20 间隙≤0.10mm		16 分	根据间隙超差大小酌情扣分				
	R5 间隙≤0.10mm（2 处）		2×6＝12 分	根据间隙超差大小酌情扣分				
	R20 的表面粗糙度 Ra3.2		16 分	根据不合格面积的大小扣分				
	R5 的表面粗糙度 Ra3.2（2 处）		2×7＝14 分	根据不合格面积的大小扣分				
	其他表面粗糙度 Ra3.2（4 处）		4×3＝12 分	一处降一级扣 3 分				
	倒角 C0.5（2 处）		2×1＝2 分	一处不合格扣 1 分				
	超时扣分			每超 1 分钟扣 1 分				
安全文明生产			10 分	违者不得分				
现场记录：								

任务名称 6：车螺纹（图 1-4-68）

任务要求：通过车螺纹练习，熟悉螺纹各几何参数的计算方法；掌握螺纹车刀的刃磨技术；掌握车螺纹的方法，掌握螺纹各尺寸的控制方法及相关量具的使用。

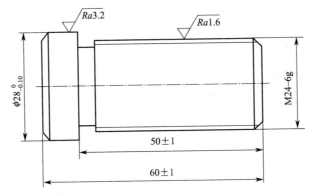

技术要求：

1. 操作时间：40min，每超 1min 扣 1 分，提起完成不加分。

2. 退刀槽的尺寸根据螺纹的规格，按规定加工。

3. 用标准螺纹规检验螺纹。

4. 倒角 C2。

图 1-4-68　车螺纹练习

任务器材：

材料：45 钢，规格：$\phi 30$mm。

工具：60°磨刀样板。

刀具：高速钢普通螺纹车刀（粗、精车刀）及其他常用车刀。

量具：300mm 钢直尺、0～150mm 游标卡尺、M24-6g 螺纹环规一套。

操作步骤：

（1）装夹毛坯，露出 70mm，用 45°刀车平端面。

（2）粗加工

① 用 75°粗车刀车 $\phi 25$mm，长 50mm 螺纹处直径。

② 用 75°粗车刀车 $\phi 29$mm，长度大于 10mm。

（3）精加工

① 用90°精车刀车 $d_{杆}=d-0.1P=24-0.1\times3=23.7$（mm），长度50mm。

② 用90°精车刀车 $\phi\,28^{0}_{-0.12}$mm，长度略大于10mm。

③ 切刀切螺纹退刀槽，退刀槽的尺寸为：长度3～6mm，直径$\phi20$mm。

④ 用45°车刀倒角$C2$。

（4）车螺纹

① 用样板控制装螺纹刀。

② 调整机床：主轴转速150r/min左右，进给箱调成车$P=3$mm的螺距、丝杠转动。

③ 旋转主轴，使刀尖对螺纹处圆柱面（记下中滑板刻度盘的位置），压下开合螺母手柄，使刀尖在圆柱面上轻划一刀，停车检查螺距是否正确。

④ 用开倒顺车法或提开合螺母法循环车螺纹（总进刀深度为$a_p=0.65P$）采用斜进法进刀，当刀具切入$0.5P$时换精车刀。

⑤ 装夹精车刀并正确对刀，向里进刀车至要求的深度，向左进刀精车左侧牙面，达到粗糙度符合要求；再向右进刀精车右侧牙面，用螺纹千分尺检测中径大小，直至将中径及粗糙度车削合格。

⑥ 切断工件长60mm并倒角。

注意事项：

（1）更换精车刀时，换刀方法要正确，避免乱牙。

（2）螺纹车削完毕应及时将开合螺母手柄提起，避免撞车。

成绩评定：见表1-4-6。

表1-4-6　成绩评定

工件号		座号		姓名		学号	总得分	
项目	质量检测内容		配分		评分标准		实测结果	得分
锉削	M24-6g		30分		不合格不得分			
	$Ra1.6$（2处）		$2\times10=20$分		一处牙侧降一级扣15分			
	$\phi\,28^{0}_{-0.1}$mm		10分		超差不得分			
	$Ra3.2$		8		降一级不得分			
	退刀槽的长度按规定尺寸±0.5mm		6分		超差不得分			
	退刀槽的深度按规定尺寸±0.2mm		6分		超差不得分			
	(50 ± 1)mm(60 ± 1)mm		$2\times5=10$分		超差不得分			
	超时扣分				每超1分钟扣1分			
安全文明生产			10分		违者不得分			
现场记录：								

任务名称7：车削综合练习（图1-4-69）

任务要求：通过加工练习，进一步提高车床的操作及加工技术。

任务器材：材料：45钢，规格：$\phi50$mm；

　　　　　　量具、刀具及工具：根据图样，学员自行决定。

操作步骤：

（1）装夹工件，用三爪自定心卡盘装夹，毛坯漏出70～80mm。

（2）粗车（切削用量为：$a_p=2～3$mm，$f=0.3$mm/r，$n=450$r/min左右）

① 用45°弯头车刀车平端面。

② 用75°粗车刀车$\phi36$mm，长度55mm，用游标卡尺测量。

③ 用75°粗车刀车$\phi49$mm，长度65mm，用游标卡尺测量。

④ 用75°粗车刀车$\phi31$mm，长度45mm，用游标卡尺测量。

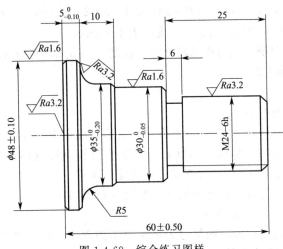

图 1-4-69　综合练习图样

⑤ 用 75°粗车刀车 $\phi 25$mm，长度 25mm，用游标卡尺测量。

（3）精车（切削用量为：$a_p = 0.5$mm，$f = 0.1$mm/r，$n = 700 \sim 1000$r/min）

① 用 90°精车刀精车 $\phi 23.7$mm，长度 25mm，用 45°车刀倒角 C2。

② 用车槽刀车退刀槽，尺寸为长 5～6mm，深 2mm，用游标卡尺测量。

③ 粗、精车螺纹，用螺纹规测量。用高速钢螺纹刀车螺纹时，要用低速进行车削，建议的工件转速为：粗车：100r/min 左右，精车 25r/min 左右。

④ 精车 $\phi 30$mm 的圆柱面，达到尺寸精度及表面粗糙度要求。

⑤ 用普通圆弧刀车 R5 圆弧面及 $\phi 35$mm 圆柱面，达到尺寸精度要求及曲面与 R5 圆弧规相符。

⑥ 用 90°精车刀车 $\phi 48$mm 圆柱面达到尺寸精度及表面粗糙度要求。

⑦ 用 45°车刀倒角 C1（3 处）。

⑧ 用切断刀切断工件长 61mm。

（4）调头装夹工件 $\phi 30$mm 部位。

① 用 45°车刀车平端面控制 5mm 的尺寸精度。倒角 C1。

② 卸下工件，加工完毕。

成绩评定：见表 1-4-7。

表 1-4-7　成绩评定

序号	检测项目	配分/分	评定标准	实测结果	得分
1	$\phi 48 \pm 0.10$mm	5	超差不得分		
2	$\phi 35_{-0.20}^{0}$mm	5	超差不得分		
3	$\phi 30_{-0.05}^{0}$mm	10	超差不得分		
4	M24-6h	15	超差不得分		
5	$5_{-0.10}^{0}$mm	8	超差不得分		
6	60mm±0.50mm	3	超差不得分		
7	退刀槽尺寸	4	超差不得分		
8	R5	7	间隙≤0.1mm		
9	粗糙度 Ra1.6(2 处)	2×5＝10	降一级不得分		
10	粗糙度 Ra3.2(4 处)	4×3＝12	降一级不得分		
11	倒角(5 处)	5×1＝5	不合格不得分		
12	曲面光滑连接(2 处)	2×3＝6			
13	安全、文明操作	5＋5＝10	单项违反扣 5 分		
14	超时扣分		每超 1 分钟扣 1 分		
15	合计				

第二单元　铣工基本操作

教 学 要 求

知识目标：

★ 了解铣削的工艺特点及基本知识。

★ 了解常用铣床的组成、运动和用途，了解铣床常用刀具和附件的大致结构与用途。

★ 理解分度头的分度原理。

★ 掌握铣削基本加工方法（铣平面、键槽和成形面）。

能力目标：

★ 能写出安全、文明生产的有关知识，养成安全、文明生产的习惯。

★ 能正确使用工、夹、量具，能合理地选择铣削用量和切削液。

★ 能操作完成铣平面、沟槽的加工。

铣削加工是金属切削加工中常用的方法之一，和车削不同之处在于，铣削时，铣刀作旋转的主运动，工件做缓慢直线的进给运动。铣削可以加工平面、台阶、沟槽、特形面和切断材料、齿轮和螺旋槽等。在铣床上还可以进行钻孔、铰孔和铣孔等工作。

铣削加工的经济精度为 IT9～IT7，最高可达 IT6，工件表面的粗糙度 $Ra = 6.3\sim3.2$，最小 0.8。

在铣削加工的过程中，工件材料的强度，硬度，铣削用量，铣削方式对铣刀耐用度、加工工件的稳定性与生产率有很大关系，所以在加工时采取合理的铣削方式很重要。

项目一　铣床的操作

【任务要求】

通过本项目的学习和训练，了解掌握常用铣床的种类、主要组成部分及其作用；了解掌握常用铣床的基本操作及其安全操作事项。

【知识内容】

铣床的种类很多，主要有卧式及立式升降台铣床、工具铣床、龙门铣床、仿形铣床、仪表铣床和床身铣床等。其中，应用最普遍的为卧式升降台铣床。

一、认识铣床

1. X6132 型万能升降台铣床

（1）铣床外形

卧式万能升降台铣床简称万能铣床，它是铣床中应用最多的一种。它的主轴是水平放置的，与工作台面平行。工作台可沿纵、横和垂直三个方向运动。万能铣床的工作台还可在水平面内回转一定角度，以铣削螺旋槽。X6132 型卧式万能升降台铣床，如图 2-1-1 所示。

在 X6132 型号中字母和数字的含义如下：

X——铣床类机床；

61——卧式万能升降台铣床；

32——工作台面宽度 320mm。

（2）铣床主要组成部分及作用

① 主轴变速机构：主轴变速机构安装在床身内，其功用是将主电动机的额定转速通过齿轮变速，变换成 18 种不同的转速，传递给主轴，以适应铣削的需要。

② 床身：床身用来固定和支撑铣床上所有的部件。电动机、主轴及主轴变速机构等安装在它的内部。

③ 横梁：横梁的上面安装吊架，用来支承刀杆外伸的一端，以加强刀杆的刚性。横梁可沿床身的水平导轨移动，以调整其伸出的长度。

④ 主轴：主轴是空心轴，前端有 7∶24 的精密锥孔，其用途是安装铣刀刀杆并带动铣刀旋转。

⑤ 纵向工作台：纵向工作台在转台的导轨上作纵向移动，带动台面上的工件作纵向进给。

⑥ 横向工作台：横向工作台位于升降台上面的水平导轨上，带动纵向工作台一起作横向进给。

⑦ 转台：转台的作用是能将纵向工作台在水平面内扳转一定的角度，以便铣削螺旋槽。

⑧ 升降台：升降台可以使整个工作台沿床身的垂直导轨上下移动，以调整工作台面到铣刀的距离，并作垂直进给。带有转台的卧铣，由于其工作台除了能作纵向、横向和垂直方向移动外，还能在水平面内左右扳转 45°，因此称为万能卧式铣床。

（3）铣床的运动

X6132 型铣床的运动如图 2-1-2 所示。

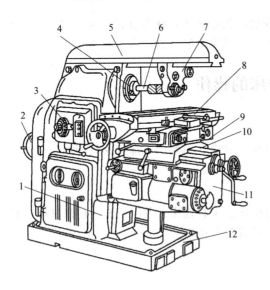

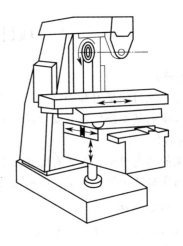

图 2-1-1　X6132 型卧式万能升降台铣床　　　　图 2-1-2　卧式铣床运动示意图

1—床身；2—电动机；3—变速机构；4—主轴；

5—横梁；6—刀杆；7—刀杆支架；8—纵向工作台；

9—转台；10—横向工作台；11—升降台；12—底座

　　① 主运动——主轴（铣刀）的回转运动：主电动机的回转运动，经主轴变速机构传递到主轴，使主轴回转。

　　② 进给运动——工作台（工件）的纵向、横向和垂直方向的移动：进给电动机的回转运动，经进给变速机构，分别传递给三个进给方向的进给丝杠，获得工作台的纵向运动、横向溜板的横向运动和升降台的垂直方向运动。

　　2. X5032 型立式升降台铣床

　　X5032 型立式升降台铣床，如图 2-1-3 所示。其规格、操纵机构、传动变速情形等与 X6132 型铣床基本相同。主要不同点是：

　　① X5032 型铣床的主轴位置与工作台台面垂直，安装在可以偏转的铣头壳体内。有时根据加工的需要，可以将立铣头（主轴）偏转一定的角度。

　　② X5032 型铣床的工作台与横向溜板连接处没有回转盘，所以，工作台在水平面内不能扳转角度。

　　3. X2010C 型龙门铣床

　　龙门铣床属大型机床之一，X2010C 型四轴龙门铣床外形图，如图 2-1-4 所示。

　　该铣床具有框架式结构，刚性好，有三轴和四轴两种布局形式。图 2-1-4 所示的四轴龙门铣床，带有两个

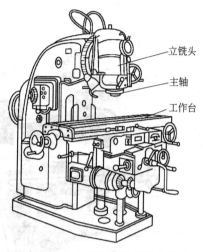

图 2-1-3　X5032 型立式升降台铣床

垂直主轴箱（三轴结构只有一个垂直主轴箱）和两个水平主轴箱，能安装 4 把（或 3 把）铣刀同时进行铣削。垂直主轴能在 ±30° 范围内按需要偏转，水平主轴的偏转范围为 -15°～30°，以满足不同铣削要求的需要。

　　横向和垂直方向的进给运动由主轴箱和主轴或横梁完成，工作台只能做纵向进给运动。机床工作台直接安放在床身上，载重量大，可加工重型工件。由于机床刚性好，适宜进行高速铣削和强力铣削。它一般用来加工卧式、立式铣床不能加工的大型工件。

　　4. 万能工具铣床

　　图 2-1-5 所示为万能工具铣床。这种铣床的特点是操纵灵便，精度较高，并备有多种附件，主要适于工具车间使用。

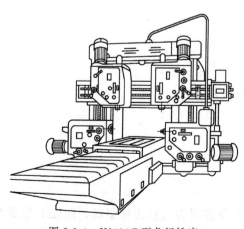

图 2-1-4　X2010C 型龙门铣床

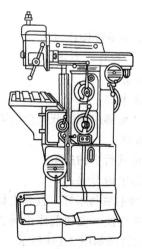

图 2-1-5　万能工具铣床

二、铣床的基本操作

铣床的型号较多，不同型号的铣床的技术参数各不相同，如转速及进给可调范围、工作台尺寸、电机功率以及加工方式等。以下重点介绍 X6325 型立式摇臂万能铣床，它外观形状如前图 2-1-6 所示。立铣头操作手柄结构如图 2-1-7 所示。

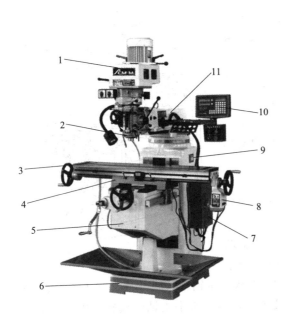

图 2-1-6　立式摇臂万能铣床
1—立铣头；2—主轴；3—工作台；
4—横向溜板；5—升降台；6—床脚；7—电器箱；
8—纵向走刀器；9—床身；10—电子尺；11—摇臂

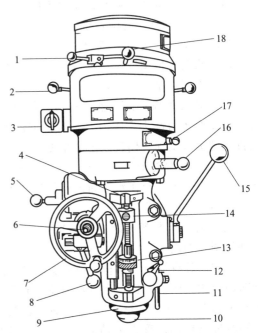

图 2-1-7　立铣头操作手柄结构
1—主轴刹车及固定杆；2—皮带松紧及变速控制杆；
3—开关；4—校准参考面；5—进给量选择柄；
6—进给方向控制钮；7—微量进给手轮；8—进给控制杆；
9—升降套筒；10—主轴；11—指示器装置杆；
12—升降套筒固定杆；13—深度控制游标刻度环；
14—升降套筒停止挡；15—升降套筒进给把手；
16—自动进给驱动柄；17—后列齿轮选择柄；
18—主轴离合器杆

1. 立铣头系统操作方法
起制动的操作示意图如图 2-1-8 所示。
（1）起动
① 接通电源；
② 扳动头部左侧的开关至所需转向（正转或反转）。
（2）制动
① 停止进行中的进给；
② 关掉电源开关；
③ 扳动主轴刹车杆，直到主轴完全停止。
2. 速度变换（变速前停止马达）
操作示意图如图 2-1-9 所示。手柄 1、2 同处 A 位置时为直接皮带驱动，同处 B 位置时为后列齿轮传动（手柄 1 以对好孔为到位，手柄 2 以扳不动为到位）。

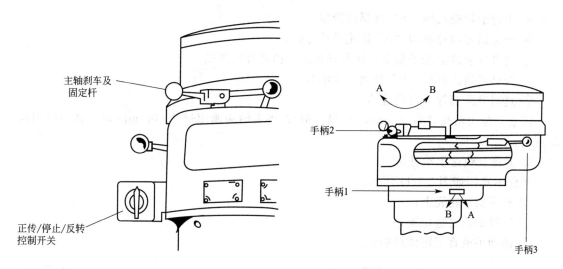

图 2-1-8　起制动操作示意图　　　　图 2-1-9　速度变换操作示意图

由 B 转为 A 时，要注意离合器切实啮，（听到"咔"一声音）后再开车。如开机后有齿轮响声请即关机，转动皮带让皮带轮下降与齿轮啮合后再开机。

（1）同范围内之变速

① 关掉电源；

② 放松马达固定杆（手柄 3）；

③ 向前移动马达；

④ 将皮带置入合适之皮带轮沟内；

⑤ 将马达推向后方，使 V 形皮带拉紧；

⑥ 锁紧马达固定杆。

（2）从直接驱动变到后齿轮传动

① 关掉电源；

② 主轴端面将手柄 1 置于 B 位置孔内；

③ 手柄 2 置于 B 位置（扳到底）；

④ 转动皮带让皮带轮下降；

⑤ 转动主轴无异常声音；

⑥ 主轴转速即由高速变为低速。

3. 手动微量进给

进给机构示意图如图 2-1-10 所示。

① 松开自动进给驱动柄"A"；

② 将"C"置于中央（空挡）位置；

③ 扳动进给控制杆"B"使离合器啮合；

④ 此时升降套之进给，即可用手轮来控制。

4. 自动进给

操作示意图如图 2-1-10 所示。

① 放松升降套固定杆"D"；

② 调整游标指示环"E"至所需要之深度；

③ 扳动自动进给驱动柄"A"（马达要停止）；

④ 由进给量控制柄"F"选择进给量；

⑤ 由进给方向控制钮"C"选定进给方向；

⑥ 将升降套进给把手朝下，使升降套停止挡离开限位销；

⑦ 扳动进给控制杆"B"使离合器啮合；

⑧ 这时升降套即可自动进给。

注意：最大钻孔径为 9.5mm（材料：钢）；当主轴转速超过 3000r/min 时，请勿使用自动进给。

5. 升降套快速手动进给

操作示意图如图 2-1-11 所示。

① 置手柄于轮壳上；

② 选择最适之这位置；

③ 推动手柄直至定位销啮合。

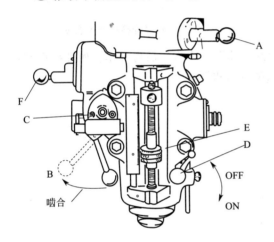

图 2-1-10　进给结构示意图

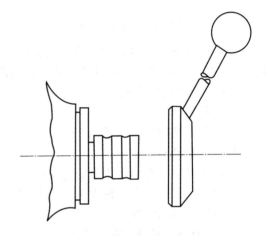

图 2-1-11　升降套快速手动进给

6. 工作台操作方法

（1）鞍座（含工作台）的横向移动

鞍座（含工作台）的横向手动、机动进给手柄如图 2-1-12 所示。纵向、横向刻度盘均匀分布 120 格，每格示值为 0.05mm，手柄转过一周，工作台移动 6mm。垂向刻度盘均匀分布 60 格，每格示值为 0.05mm，手柄转过一周，工作台移动 3mm。

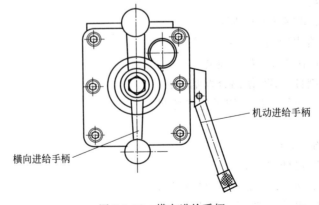

图 2-1-12　横向进给手柄

鞍座与升降座之间滑动的固定操作示意图如图 2-1-13 所示。固定时，用适当的压力即可，用力太大会使得工作台变形。

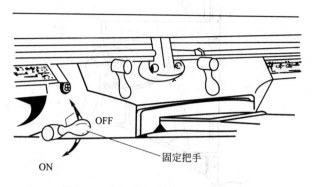

图 2-1-13 鞍座与升降座之间的固定

（2）工作台的纵向移动

工作台的纵向进给手柄如图 2-1-14 所示。工作台与鞍座之间滑动的固定操作示意图如图 2-1-15 所示。固定时，用适当的压力即可。

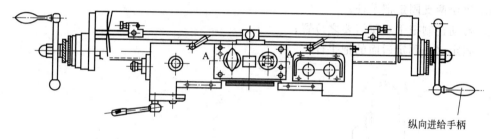

图 2-1-14 纵向进给手柄

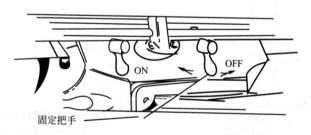

图 2-1-15 工作台与鞍座之间的固定

（3）升降座（含鞍座、工作台）的升降移动

升降座与机身之间滑动的操作手柄及固定操作示意图如图 2-1-16 所示，固定时，用适当的压力即可。

7. 转塔、摇臂操作方法

（1）转塔之旋转

转塔旋转操作示意图如图 2-1-17 所示。操作步骤如下：

① 用固定扳手放松四个螺栓；

② 旋转至需要的角度；

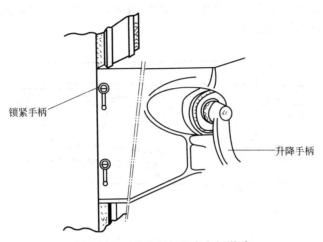

图 2-1-16　升降座与机身之间滑动

③ 锁紧四个螺栓。

（2）摇臂之移动

摇臂移动操作示意图如图 2-1-18 所示。操作步骤如下：

① 放松两支固定把手杆；

② 转动控制把手至所需要之位置；

③ 固定（先固定后面的把手杆）。

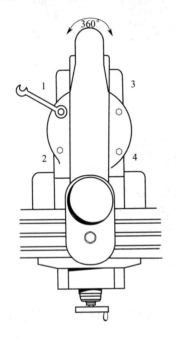

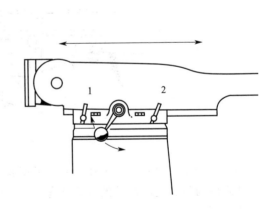

图 2-1-17　转塔旋转操作示意图　　　　　　图 2-1-18　摇臂移动操作示意图

安全操作事项如下。

（1）操作机床时，要穿好工作服，袖口要扎紧；不得戴手套进行操作；不得穿短裤、穿拖鞋；女学员禁止穿裙子，长发放在护发帽内。

（2）因切削时，切屑有甩出现象，学员必须戴护目镜，以防切屑灼伤眼睛。

（3）装夹工件、刀具要停机进行。工件和刀具必须装牢靠，防止工件和刀具从夹具中脱落或飞出伤人。

（4）禁止将工具或工件放在机床上，尤其不得放在机床的运动件上。

（5）开动机床前，应检查润滑系统是否通畅。

（6）操作时，手和身体不能靠近机床的旋转部位，应注意保持一定的距离。

（7）运动中严禁变速。变速时必须等停车后待惯性消失再扳动换挡手柄。

（8）测量工件要停机进行。

（9）机床运转时，操作者不能离开工作地点，发现机床运转不正常时，应立即停机检查，并报告现场指导人员。当突然意外停电时，应立即切断机床电源或其他启动机构，并把刀具退出工件部位。

（10）不要使污物或废油混在机床冷却液中，否则不仅会污染冷却液，甚至会传播疾病。

（11）切削时产生的切屑，应使用刷子及时清除，严禁用手清除。

（12）在使用设备后，都应把刀具、工具、量具、材料等物品整理好，并作好设备清洁和日常设备维护工作。

【任务实施】

任务名称： 参观操作铣床

任务要求： 能描述铣床的组成、结构和功能，指出各部分的名称和作用；掌握常用铣床的基本操作及其安全操作事项。

任务器材： X6325 型立式摇臂万能铣床、X6132 型万能升降台铣床、铣床手册、设备清单表。

操作步骤：

（1）观察铣床外形，解释铣床型号含义，描述铣床主要特点。

（2）指出铣床各部分的名称及其作用。

（3）查阅铣床使用手册，明确机床功率、精度、加工范围等技术参数。

（4）铣床手动进给操作练习。

（5）工作台纵向、横向、垂直方向的机动进给操作练习。

（6）各手柄进给量练习。

（7）能对铣床进行常规保养和维护。

项目二　铣刀的装卸与工件的装夹

【任务要求】

通过本项目的学习和训练，认识铣刀的种类及用途；了解铣削的常用工具；掌握铣刀的安装过程及方法；掌握工件装夹的过程及方法。

【知识内容】

一、认识铣刀

铣刀的分类方法很多，根据铣刀安装方法的不同可分为两大类，即带孔铣刀和带柄铣刀。带孔铣刀多用在卧式铣床上，带柄铣刀多用在立式铣床上。带柄铣刀又分为直柄铣刀和锥柄铣刀。铣刀按其用途可分为铣削平面用铣刀、铣削直角沟槽用铣刀、铣削特形沟槽用铣刀和铣削特形面用铣刀四类，见表 2-2-1。

表 2-2-1　铣刀的种类及用途

种类		图示	用途
铣削平面用铣刀	圆柱形铣刀	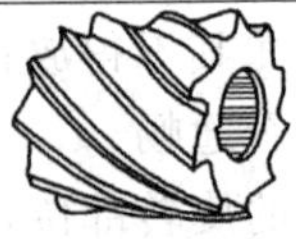 整体式圆柱铣刀  镶齿圆柱铣刀	圆柱形铣刀分粗齿和细齿两种,用于粗铣及半精铣平面
	端铣刀	 套式端铣刀  可转位硬质合金刀片端铣刀	端铣刀有整体式、镶齿式和可转位(机械夹固)式等几种,用于粗铣、精铣各种平面
铣削直角沟槽用铣刀	立铣刀	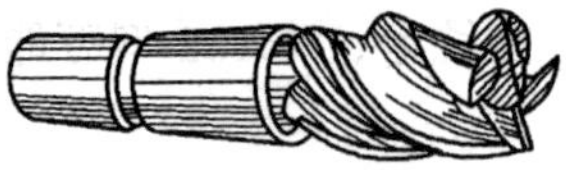	用于铣削沟槽、螺旋槽及工件上各种形状的孔;铣削台阶平面、侧面;铣削各种盘形凸轮与圆柱凸轮;以及按照靠模铣削内、外曲面
	三面刃铣刀	 直齿三面刃铣刀 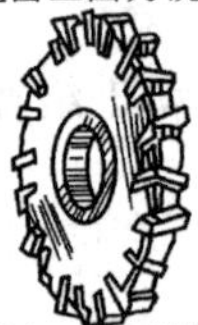 镶齿三面刃铣刀	三面刃铣刀分直齿与错齿、整体式与镶齿式。用于铣削各种槽、台阶平面、工件的侧面及其凸台平面
	键槽铣刀	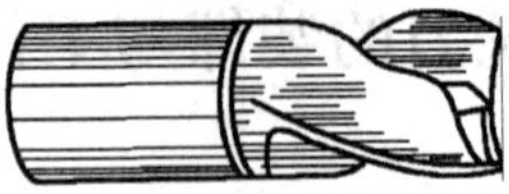	用于铣削键槽
	盘形槽铣刀		用于铣削螺钉槽及其他工件上的槽
	锯片铣刀		用于铣削各种槽以及板料、棒料和各种型材的切断

种类		图示	用途
铣削特形沟槽用铣刀	T形槽铣刀	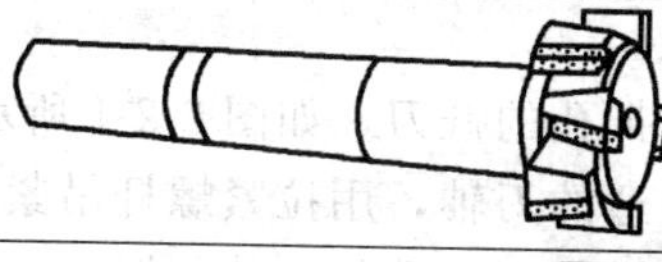	用于铣削T形槽
	燕尾槽铣刀	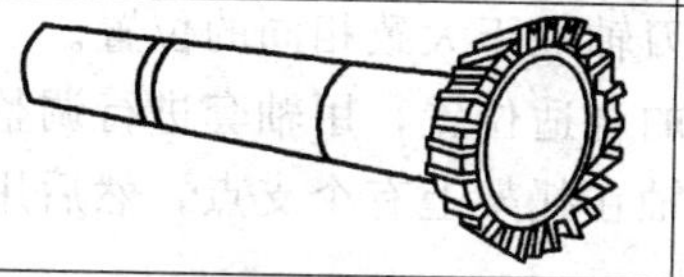	用于铣削燕尾和燕尾槽
	单角铣刀		用于各种刀具的外圆齿槽与端面齿槽的开齿,铣削各种锯齿形齿离合器与棘轮的齿形
	对称双脚铣刀	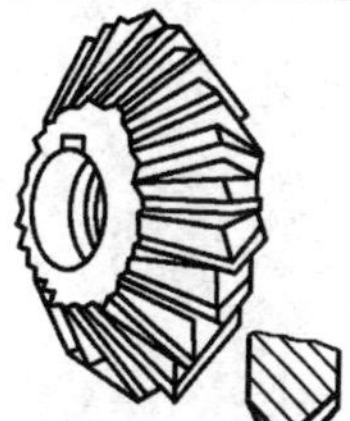	用于铣削各种V形槽和尖齿、梯形齿离合器的齿形
铣削特形面用铣刀	凹半圆铣刀		用于铣削凸半圆成形面
	凸半圆铣刀		用于铣削半圆槽和凹半圆成形面
	模数齿轮铣刀		用于铣削渐开线齿形的齿轮
	叶片内弧成形铣刀	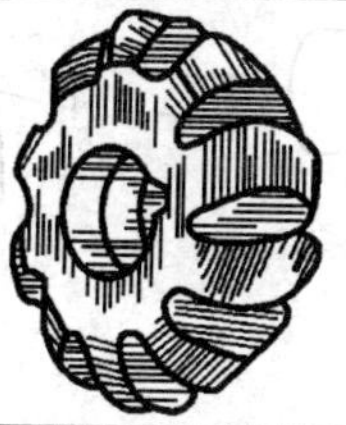	用于铣削蜗轮叶片的叶盆内弧形表面

二、铣刀的安装

1. 圆柱铣刀等带孔铣刀的装夹

在卧式铣床上都使用刀杆安装带孔的铣刀，如图 2-2-1 所示。

（1）根据铣刀的孔径，选用合适的刀轴，用拉紧螺杆吊紧刀轴。

（2）调整横梁位置，使它与刀轴处于大致相同的位置。

（3）把铣刀安置在方便切削的合适位置，用轴套进行调整。

（4）安装托架，用套筒使刀轴在托架上有个支点，然后用螺母固定铣刀。

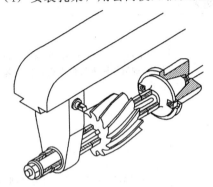

图 2-2-1　圆柱铣刀的安装

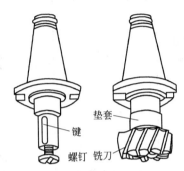

图 2-2-2　端面铣刀的安装

2. 安装端面铣刀

先将铣刀装在短刀轴上，再将刀轴装入机床的主轴并用拉杆拉紧安装到铣床的主轴上，如图 2-2-2 所示。

3. 立铣刀等带柄铣刀的装夹

一般柄式铣刀都是立铣刀。它有两种安装形式：一种是用莫氏锥套安装锥柄铣刀，另一种是用弹簧夹头安装直柄铣刀，如图 2-2-3 所示。

三、铣削常用工具

1. 平口钳

平口钳是铣床上常用来装夹工件的附件，有非回转式和回转式两种，两种平口钳的结构基本相同，只是回转式平口钳的底座设有转盘，钳体可绕转盘轴线在 360°范围内任意扳转，使用方便，适应性强。回转式平口钳的结构，如图 2-2-4 所示。

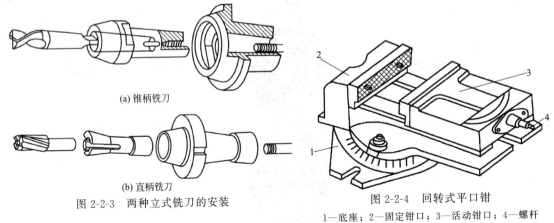

(a) 锥柄铣刀

(b) 直柄铣刀

图 2-2-3　两种立式铣刀的安装

图 2-2-4　回转式平口钳

1—底座；2—固定钳口；3—活动钳口；4—螺杆

2. 回转工作台

回转工作台又称为转盘、平分盘、圆形工作台等。它的内部有一套蜗轮蜗杆。摇动手轮，通过蜗杆轴，就能直接带动与转台相连接的蜗轮转动。转台周围有刻度，可以用来观察和确定转台位置。拧紧固定螺钉，转台就固定不动。转台中央有一孔，利用它可以方便地确定工件的回转中心。当底座上的槽和铣床工作台的 T 形槽对齐后，即可用螺栓把回转工作台固定在铣床工作台上。铣圆弧槽时，工件安装在回转工作台上，铣刀旋转，用手均匀缓慢地摇动回转工作台而使工件铣出圆弧槽。回转工作台，如图 2-2-5 所示。

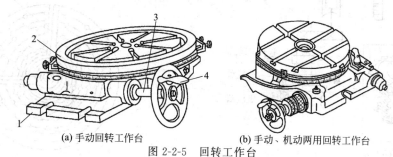

(a) 手动回转工作台　　　　　(b) 手动、机动两用回转工作台

图 2-2-5　回转工作台

1—底座；2—转台；3—蜗杆；4—传动轴

3. 万能分度头

（1）万能分度头的结构

万能分度头是铣床的重要精密附件，用于多边形工件、花键轴、牙嵌式离合器、齿轮等圆周分度和螺旋槽的加工。按夹持工件的最大直径，万能分度头常用规格有 160mm、200mm、250mm、320mm 等几种，其中 FW250 型万能分度头是铣床上应用最普遍的一种。

位于分度头前端的主轴 1 上有螺纹，可安装卡盘，主轴的标准莫氏锥孔可插入顶尖，用以装夹工件。转动手柄，可通过分度头内部的传动机构，带动主轴转动。手柄在分度盘 8 孔圈上转过的圈数和孔数，应根据工件所需的等分要求，通过计算确定。

分度头的主轴是空心的，两端均为锥孔，前锥孔可装入顶尖（莫氏 4 号），后锥孔可装入心轴，以便在差动分度时挂轮，把主轴的运动传给侧轴可带动分度盘旋转。主轴前端外部有螺纹，用来安装三爪卡盘。

万能分度头的使用如图 2-2-6 所示。万能分度头的外形如图 2-2-7 所示。万能分度头的传动系统如图 2-2-8 所示。

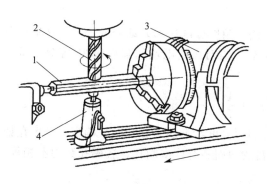

图 2-2-6　万能分度头的使用

1—六方体工件；2—立铣刀；

3—分度头；4—辅助支撑

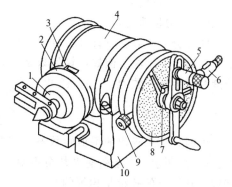

图 2-2-7　万能分度头

1—主轴；2—刻度环；3—游标；4—回转体；5—插销；

6—侧轴；7—扇形夹；8—分度盘；9—紧固螺钉；10—基座

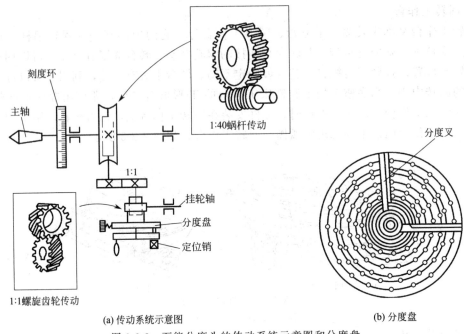

(a) 传动系统示意图　　　　　　　(b) 分度盘

图 2-2-8　万能分度头的传动系统示意图和分度盘

（2）分度方法

分度头内部的传动系统如图 2-2-8(a) 所示，可转动分度手柄，通过传动机构（传动比 1：1 的一对齿轮，1：40 的蜗轮蜗杆），使分度头主轴带动工件转动一定角度。手柄转一圈，主轴带动工件转 1/40 圈。

如果要将工件的圆周等分为 Z 等分，则每次分度工件应转过 1/Z 圈。设每次分度手柄的转数为 n，则手柄转数与工件等分数 Z 之间有如下关系：

$$1 : 40 = \frac{1}{Z} : n$$

$$n = \frac{40}{Z} \tag{2-1}$$

式中　n——手柄每次分度时的转数；

　　　Z——工件的等分数；

　　　40——分度头定数。

分度头分度的方法有直接分度法、简单分度法、角度分度法和差动分度法等。这里仅介绍常用的简单分度法。例如：铣齿数 Z=35 的齿轮，需对齿轮毛坯的圆周作 35 等分，每一次分度时，手柄转数为：

$$n = \frac{40}{Z} = \frac{40}{35} = 1\frac{1}{7} \tag{2-2}$$

分度时，如果求出的手柄转数不是整数，可利用分度盘上的等分孔距来确定。分度盘如图 2-2-8(b) 所示，一般备有两块分度盘。分度盘的两面各有许多圈孔，各圈孔数均不相等，然而同一孔圈上的孔距是相等的。

分度头第一块分度盘正面各圈孔数依次为 24、25、28、30、34、37；反面各圈孔数依次为 38、39、41、42、43。

第二块分度盘正面各圈孔数依次为 46、47、49、51、53、54；反面各圈孔数依次为 57、

58、59、62、66。

按上例计算结果，即每分一齿，手柄需转过 $1\frac{1}{7}$ 圈，其中 1/7 圈需通过分度盘（图 2-2-8b）来控制。用简单分度法需先将分度盘固定。再将分度手柄上的定位销调整到孔数为 7 的倍数（如 28、42、49）的孔圈上，如在孔数为 28 的孔圈上。此时分度手柄转过 1 整圈后，再沿孔数为 28 的孔圈转过 4 个孔距即可。

4. 万能铣头

万能铣头的外形，如图 2-2-9 所示。在卧式铣床上装上万能铣头，不仅能完成各种立铣的工作，而且还可以根据铣削的需要，把铣头主轴扳成任意角度。万能铣头的底座用螺栓固定在铣床的垂直导轨上。铣床主轴的运动通过铣头内的两对锥齿轮传到铣头主轴上，如图 2-2-9(a) 所示。铣头的壳体可绕铣床主轴轴线偏转任意角度，如图 2-2-9(b) 所示。铣头主轴的壳体还能在铣头壳体上偏转任意角度，如图 2-2-9(c) 所示。因此，铣头主轴就能在空间偏转成所需的任意角度。

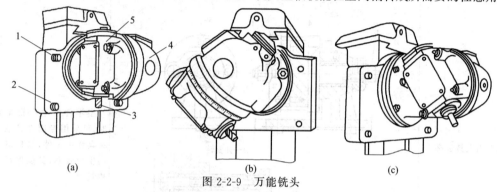

(a)　　　　　　　　(b)　　　　　　　　(c)

图 2-2-9　万能铣头
1—螺栓；2—底座；3—主轴；4—壳体；5—主轴壳体

四、工件的装夹

铣床上常用的工件装夹方法有以下几种，见表 2-2-2。

表 2-2-2　工件装夹方法

方法	图示	使用范围
用平口钳装夹	1—平行垫铁；2—工件；3—钳体导轨面	铣削长方体工件的平面、台阶面、斜面和轴类工件上的键槽时，都可以用平口钳来装夹
用压板、螺栓装夹	1—工件；2—压板；3—T形螺栓；4—螺母；5—垫圈；6—台阶垫铁；7—工作台面	对于大型工件或平口钳难以安装的工件，可用压板、螺栓和垫铁将工件直接固定在工作台上

续表

方法	图示	使用范围
用分度头装夹	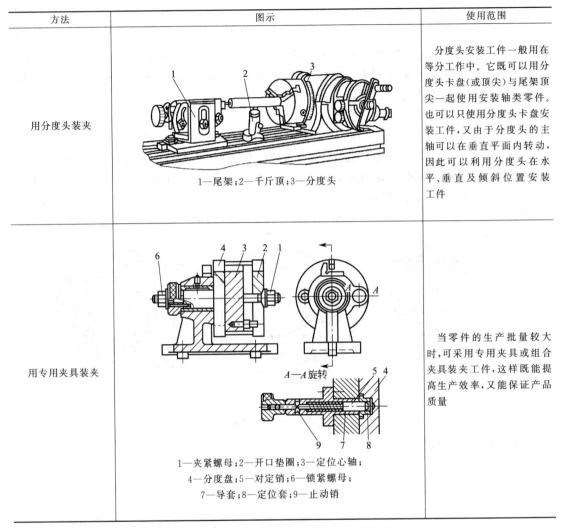 1—尾架；2—千斤顶；3—分度头	分度头安装工件一般用在等分工作中。它既可以用分度头卡盘(或顶尖)与尾架顶尖一起使用安装轴类零件。也可以只使用分度头卡盘安装工件，又由于分度头的主轴可以在垂直平面内转动，因此可以利用分度头在水平、垂直及倾斜位置安装工件
用专用夹具装夹	*A—A* 旋转 1—夹紧螺母；2—开口垫圈；3—定位心轴；4—分度盘；5—对定销；6—锁紧螺母；7—导套；8—定位套；9—止动销	当零件的生产批量较大时，可采用专用夹具或组合夹具装夹工件，这样既能提高生产效率，又能保证产品质量

【任务实施】

　　任务名称：练习铣刀装卸与工件装夹

　　任务要求：熟练操作铣刀的装卸和工件的装夹。

　　任务器材：X6132 型万能升降台铣床、铣刀、工件。

　　操作步骤：

　　（1）铣刀的装卸

　　① 安装铣刀杆；

　　② 安装带孔铣刀；

　　③ 安装带柄铣刀。

　　（2）工件的装夹

　　① 用平口钳装夹；

　　② 用压板、螺栓装夹；

　　③ 用分度头装夹；

　　④ 用专用夹具装夹。

项目三　铣削加工方法

【任务要求】

通过本项目的学习和训练，掌握各种铣削方法及其注意事项。

【知识内容】

一、平面的铣削

铣平面可以用圆柱铣刀、端铣刀或三面刃盘铣刀在卧式铣床或立式铣床上进行铣削。

1. 用圆柱铣刀铣平面

在卧式铣床上用圆柱铣刀圆周铣平面时，所用圆柱铣刀一般为螺旋齿圆柱铣刀，铣刀的宽度必须大于所铣平面的宽度，螺旋线的方向应使铣削时所产生的轴向力将铣刀推向主轴轴承方向。操作方法：根据工艺卡的规定调整机床的转速和进给量，再根据加工余量的多少来调整铣削深度，然后开始铣削。铣削时，先用手动使工作台纵向靠近铣刀，而后改为自动进给；当进给行程尚未完毕时不要停止进给运动，否则铣刀在停止的地方切入金属就比较深，形成表面深啃现象；铣削铸铁时不加切削液（因铸铁中的石墨可起

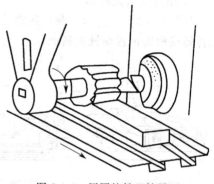

图 2-3-1　用圆柱铣刀铣平面

润滑作用）；铣削钢料时要用切削液，通常用含硫矿物油作切削液，如图 2-3-1 所示。

2. 用端铣刀铣平面

端铣刀一般用于立式铣床上铣平面，有时也用于卧式铣床上铣垂直面，如图 2-3-2 所示。

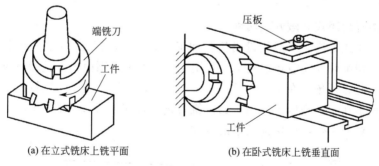

(a) 在立式铣床上铣平面　　　　　(b) 在卧式铣床上铣垂直面

图 2-3-2　用端铣刀铣平面

端铣刀一般中间带有圆孔。通常先将铣刀装在短刀轴上，再将刀轴装入机床的主轴上，并用拉杆螺钉拉紧。

用端铣刀铣平面时，端铣刀的直径应大于工件加工面的宽度，一般为它的 1.2～1.5 倍。

端铣刀铣平面的步骤与圆柱铣刀相同，但端铣刀的刀体短，刚性好，加工中振动小，切削平稳。

二、斜面的铣削

工件上具有斜面的结构很常见，铣削斜面的方法也很多，下面介绍常用的几种方法。

1. 使用倾斜垫铁定位工件铣斜面

如图 2-3-3(a) 所示，在零件设计基准的下面垫一块倾斜的垫铁，则铣出的平面就与设计基准面成倾斜位置，改变倾斜垫铁的角度，即可加工不同角度的斜面。

2. 用万能铣头使铣刀倾斜铣斜面

如图 2-3-3(b) 所示，由于万能铣头能方便地改变刀轴的空间位置，因此我们可以转动铣头以使刀具相对工件倾斜一定角度来铣斜面。

3. 用角度铣刀铣斜面

如图 2-3-3(c) 所示，斜面的倾斜角度由角度铣刀保证。受铣刀刀刃宽度的限制，用角度铣刀铣削斜面只适用于宽度较窄的斜面。

4. 用分度头铣斜面

如图 2-3-3(d) 所示，在一些圆柱形和特殊形状的零件上加工斜面时，可利用分度头将工件转成所需位置而铣出斜面。

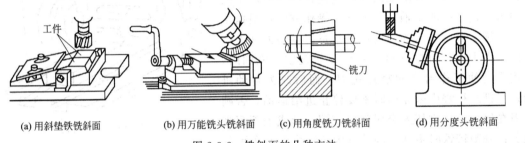

(a) 用斜垫铁铣斜面　　　(b) 用万能铣头铣斜面　　(c) 用角度铣刀铣斜面　　(d) 用分度头铣斜面

图 2-3-3　铣斜面的几种方法

三、沟槽的铣削

在铣床上能加工的沟槽种类很多，如直槽、角度槽、V 形槽、T 形槽、燕尾槽和键槽等。现仅介绍键槽、T 形槽和燕尾槽的加工。

1. 铣键槽

常见的键槽有封闭式和敞开式两种。

在轴上铣封闭式键槽，一般用键槽铣刀加工，如图 2-3-4(a) 所示。键槽铣刀一次轴向进给不能太大，切削时要注意逐层切下。若用立铣刀加工，则由于立铣刀中央无切削刃，不能向下进刀，因此必须预先在槽的一端钻一个落刀孔，才能用立铣刀铣键槽。

敞开式键槽多在卧式铣床上采用三面刃铣刀进行加工，如图 2-3-4(b) 所示。注意在铣削键槽前，做好对刀工作，以保证键槽的对称度。

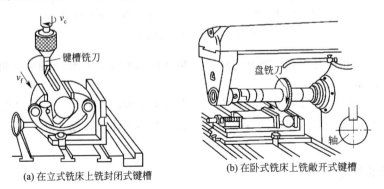

(a) 在立式铣床上铣封闭式键槽　　　　(b) 在卧式铣床上铣敞开式键槽

图 2-3-4　铣键槽

2. 铣 T 形槽及燕尾槽

T 形槽应用很多，如铣床和刨床的工作台上用来安放紧固螺栓的槽就是 T 形槽。要加工 T 形槽，必须首先用立铣刀或三面刃铣刀铣出直角槽，然后用 T 形槽铣刀铣出下部宽槽。由于 T 形槽铣刀工作时排屑困难，因此切削用量应选得小一些，同时应多加冷却液，最后用角度铣刀铣出上部倒角，如图 2-3-5 所示。

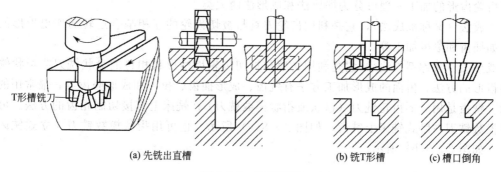

(a) 先铣出直槽   (b) 铣T形槽   (c) 槽口倒角

图 2-3-5 铣 T 形槽

铣燕尾槽时，先在立式铣床上用立铣刀或端铣刀铣出直角槽或台阶，再用燕尾槽铣刀铣出燕尾槽或燕尾块，如图 2-3-6 所示。

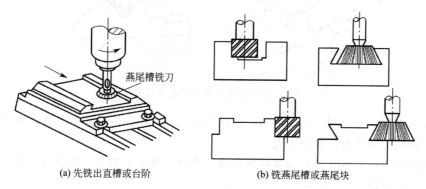

(a) 先铣出直槽或台阶   (b) 铣燕尾槽或燕尾块

图 2-3-6 铣燕尾槽

四、成形面的铣削

如零件的某一表面在截面上的轮廓线是由曲线和直线所组成，这个面就是成形面。成形面一般在卧式铣床上用成形铣刀来加工，如图 2-3-7（a）所示。成形铣刀的形状要与成形面的形状相吻合。如零件的外形轮廓是由不规则的直线和曲线组成，这种零件就称为具有曲线外形表面的零件。这种零件一般在立式铣床上铣削，加工方法有：按划线用手动进给铣削；用圆形工作台铣削；用靠模铣削，如图 2-3-7（b）、（c）所示。

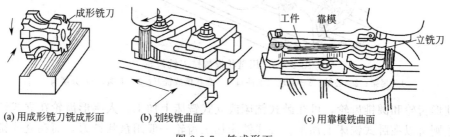

(a) 用成形铣刀铣成形面   (b) 划线铣曲面   (c) 用靠模铣曲面

图 2-3-7 铣成形面

对于要求不高的曲线外形表面，可按工件上划出的线迹移动工作台进行加工，顺着线迹将打出的样冲眼铣掉一半。在成批及大量生产中，可以采用靠模夹具或专用的靠模铣床来对曲线外形面进行加工。

五、齿形的铣削

齿轮齿形的加工原理可分为展成法和成形法两大类。

展成法（又称范成法），它是利用齿轮刀具与被切齿轮的互相啮合运转而切出齿形的方法，如插齿和滚齿加工等。

成形法（又称型铣法），它是利用仿照与被切齿轮齿槽形状相符的盘状铣刀或指状铣刀切出齿形的方法。齿面的成形加工方法有铣齿、成形插齿、拉齿和成形磨齿等，最常用的是铣齿。铣齿是用成形齿轮铣刀（盘状或指状模数铣刀）在铣床上直接切制轮齿的方法。可用盘状模数铣刀在卧式铣床上铣齿，如图2-3-8(a)所示。也可用指状模数铣刀在立式铣床上铣齿，如图2-3-8(b)所示。

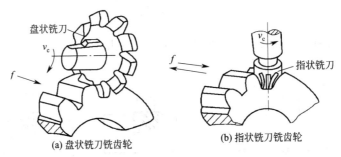

(a) 盘状铣刀铣齿轮　　　　　　(b) 指状铣刀铣齿轮

图2-3-8　用盘状铣刀和指状铣刀加工齿轮

铣齿逐齿进行，每切制完一个齿槽，须用分度头按齿轮的齿数进行分度，再铣切另一个齿槽，依次铣削，将所有齿槽加工完。

齿轮的模数 $m \leqslant 16$mm 时，用盘状模数铣刀在卧式铣床上加工，铣削时，常用分度头和尾架装夹工件，如图2-3-9所示。

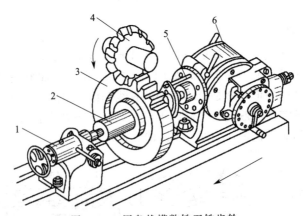

图2-3-9　用盘状模数铣刀铣齿轮

1—尾架；2—心轴；3—齿坯（工件）；4—盘状模数铣刀；5—卡箍；6—分度头

圆柱形齿轮和圆锥齿轮，可在卧式铣床或立式铣床上加工。人字形齿轮在立式铣床上加工。蜗轮则可以在卧式铣床上加工。卧式铣床加工齿轮一般用盘状铣刀，而在立式铣床上则使用指状铣刀。

【任务实施】

　　任务名称：双凹凸配合

　　任务要求：零件加工图样如图 2-3-10 所示。

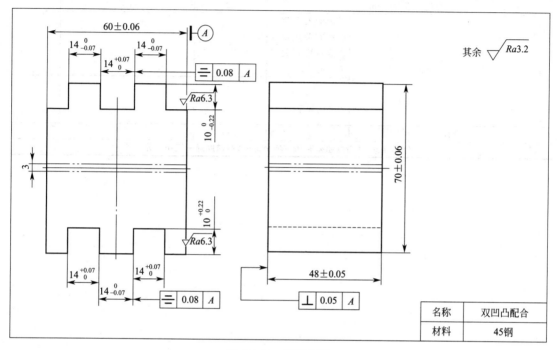

图 2-3-10　零件图样

　　任务器材：X6132 型万能升降台铣床、直角尺、游标卡尺、千分尺、塞尺、游标深度尺。

　　操作步骤：

（1）检查铣床，准备工、夹、量具。

（2）准备毛坯材料。

（3）读懂零件图。零件图样如图 2-3-10 所示。

（4）铣两端面，保证尺寸 60±0.06。

（5）铣凸台 $14_{-0.07}^{\ 0}$ 两个。

（6）铣凹槽，保证尺寸 $14_{\ 0}^{+0.07}$，铣凸台保证 $14_{-0.07}^{\ 0}$。

（7）铣凹槽，保证尺寸 $14_{\ 0}^{+0.07}$ 两个。

　　成绩评定：成绩评定见表 2-3-1。

表 2-3-1　成绩评定

序号	项目	考核内容	配分/分	检测工具	得分
1	配合间隙/mm		20	塞尺	
2	六面体尺寸/mm		12	千分尺、游标卡尺	
3	凹槽宽/mm		12	游标卡尺	
4	凸槽宽/mm		12	千分尺、游标卡尺	
5	凹槽对称度/mm		5	游标卡尺	
6	凸槽对称度/mm		7	游标卡尺	

序号	项目	考核内容	配分/分	检测工具	得分
7	垂直度/mm		7	直角尺	
8	凸键深/mm		3	游标深度尺	
9	凹槽深/mm		3	游标深度尺	
10	表面粗糙度值 $Ra/\mu m$		12	目测	
11	安全文明生产	国颁安全生产法规有关规定或企业自定有关实施规定	4		
		企业有关文明生产的规定	3		
	合计		100		
评分标准:尺寸精度超差时扣该项全部分,粗糙度降一级扣2分					

第三单元　磨工基本操作

教 学 要 求

知识目标：

★了解磨削的工艺特点及加工过程。

★了解常用磨床的组成及运动特点。

★了解砂轮的特性及使用方法。

★熟悉磨削的概念及磨削加工的方法。

能力目标：

★能正确使用工、夹、量具，能合理地选择磨削用量和切削液。

★能独立完成简单零件的磨削加工。

★具有安全生产和文明生产习惯，养成良好的职业道德。

　　磨削加工是机械制造中常用的加工方法之一，它的应用范围很广，磨削加工不仅适用于加工尺寸精度要求较高且表面粗糙度值要求较小的场合，可以磨削难以切削的各种高硬超硬材料，如磨削各种表面及荒加工（磨削钢坯、割浇冒口等）。许多精密铸造成形的铸件、精密锻造成形的锻件和重要配合面也要经过磨削才能达到精度要求。磨削比较容易实现生产过程自动化，在工业发达国家，磨床已占机床总数的 25% 左右，个别行业可达到 50% 左右。因此，磨削在机械制造业中的应用日益广泛。

项目一　认识磨削加工

【任务要求】

　　通过本项目的学习，了解磨削加工的主要内容及特点，掌握磨削加工的安全操作规程。

【知识内容】

　　磨削是用磨具以较高的线速度对工件表面进行加工的方法。磨削在各类磨床上实现。

　　磨具（磨削工具）是以磨料为主制造而成的一类切削工具，分固结磨具和涂覆磨具两类。磨削时可采用砂轮、砂带、油石等作为磨具，最常用的磨具是用磨料和黏结剂做成的砂轮。以砂轮为磨具的普通磨削应用最为广泛。

　　磨削时，砂轮的回转运动是主运动，根据不同的磨削内容，进给运动可以是：砂轮的轴向、径向移动，工件的回转运动，工件的纵向、横向移动等。

一、磨削加工的主要内容

　　磨削的主要加工内容有：磨外圆，磨孔（磨内圆），磨内、外圆锥面，磨平面，磨成形面，磨螺纹，磨齿轮，以及磨花键、曲轴和各种刀具等，如图 3-1-1 所示。

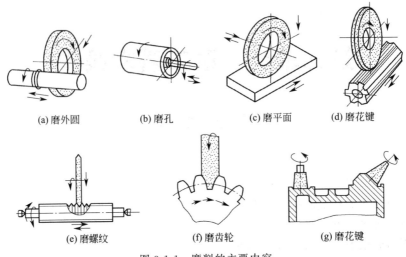

| (a) 磨外圆 | (b) 磨孔 | (c) 磨平面 | (d) 磨花键 |

| (e) 磨螺纹 | (f) 磨齿轮 | (g) 磨花键 |

图 3-1-1　磨削的主要内容

二、磨削加工的特点

从本质上来说，磨削加工是一种切削加工，但和通常的车削、铣削、刨削等相比却有以下的特点。

（1）磨削属多刃、微刃切削。砂轮上每一磨粒相当于一个切削刃，而且切削刃的形状及分布处于随机状态，每个磨粒的切削角度、切削条件均不相同。

（2）加工精度高。磨削属于微刃切削，切削厚度极薄，每一磨粒切削厚度可小到数微米，故可获得很高的加工精度和低的表面粗糙度值。

（3）磨削速度大。一般砂轮的圆周速度达 $2000\sim3000\mathrm{m/min}$，目前的高速磨削砂轮线速度已达到 $60\sim250\mathrm{m/s}$。故磨削时温度很高，磨削区的瞬时高温可达 $800\sim1000℃$，因此磨削时必须使用切削液。

（4）加工范围广。磨粒硬度很高，因此磨削不但可以加工碳钢、铸铁等常用金属材料，还能加工一般刀具难以加工的高硬度、高脆性材料，如淬火钢、硬质合金等。但磨削不适宜加工硬度低而塑性大的有色金属材料。

磨削加工是机械制造中重要的加工工艺，已广泛用于各种表面的精密加工。许多精密铸造成形的铸件、精密锻造成形的锻件和重要配合面也要经过磨削才能达到精度要求。因此，磨削在机械制造业中的应用日益广泛。

三、磨工实习安全操作规程

（1）进入车间实习时，要穿好工作服，大袖口要扎紧，衬衫要系入裤内。女同学要戴安全帽，并将发辫纳入帽内。不得穿凉鞋、拖鞋、高跟鞋、背心、裙子和戴围巾进入车间。

（2）严禁在车间内追逐、打闹、喧哗、阅读与实习无关的书刊等。

（3）应在指定的机床上进行实习。未经允许，其他机床、工具或电器开关等均不得乱动。

（4）开车前要检查砂轮罩、行程挡块是否完好紧固，砂轮与工件有一定的间隙，油路系统是否正常，主轴等转动件润滑是否良好，各操作手柄是否正确，确认正常后才能开车。开车后空转 $1\sim2\mathrm{min}$，待运转正常后，才能工作。

（5）根据工件的长短调整行程挡块，工件装夹要请师傅检查后才能开车。

（6）多人使用磨床时，只能一人操作，其他人观看，同时务必注意他人安全。操作或未操作者不许站在旋转砂轮可能飞出的方向。

（7）平面磁力磨削工件时，检查工件是否牢固，磨削高而狭窄的工件时，周围要用挡铁，而且挡块高度不低于工件的 2/3，待工件吸牢后才能开车。

（8）外圆磨削时，工件应放在顶尖上。砂轮启动进刀时要轻要慢，不许进刀过大，以防径向力过大造成工件飞出，引发事故。

（9）无心磨削前，要检查托架是否装对。在砂轮未停止转动时，严禁用手或棒去拨动工件。

（10）干磨工件时要戴好口罩。湿磨的机床停机前，要先关冷却液，并让砂轮空转 1～2min 进行脱水，然后再关机。

（11）装拆工件、测量工件、调整机床都必须停车。

（12）电器故障须由电工人员检修，不许乱动。

（13）实习完后，应关闭电源，打扫机床及场地，清洁卫生，清点工具，做到文明生产。

项目二　了解磨床

【任务要求】

通过本项目的学习和训练，了解磨床的种类及组成，掌握常用磨床的运动特点及主要加工内容。

【知识内容】

磨床按用途不同可分为平面磨床、外圆磨床、内圆磨床、无心磨床、工具磨床、螺纹磨床、齿轮磨床及其他专用磨床等。最常用的是平面磨床及内、外圆磨床。

一、M7120A 型平面磨床

平面磨床分立轴式和卧轴式两类，工作台有圆形和矩形之分。立轴式平面磨床用砂轮的端面磨削平面；卧轴平面磨床用砂轮的圆周面磨削平面。常用的是卧轴矩台平面磨床。

平面磨床的工作台上装有电磁吸盘或其他夹具用以装夹工件。

M7120A 平面磨床型号中字母与数字的含义如下：

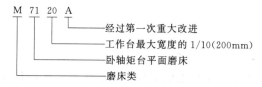

平面磨床 M7120A 型的主要结构，如图 3-2-1 所示。它由床身、工作台、立柱、托板、磨头和砂轮修整器等部件组成。

矩形工作台装在床身的水平纵向导轨上，在其上面有装夹工件用的电磁吸盘。工作台的往复运动使用液压传动，也可用手轮操纵。砂轮装在磨头上，由电动机直接驱动旋转。

磨头沿托板的水平导轨作横向进给运动，由液压驱动或手轮操作。托板可沿立柱的垂直导轨移动，以调整磨头的高低位置及垂直进给运动，这一运动是由手轮操纵的。

二、M1432A 型万能外圆磨床

如图 3-2-2 所示。

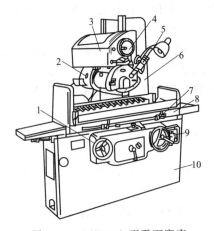

图 3-2-1　M7120A 型平面磨床

1—驱动工作台手轮；2—磨头；3—滑板；4—轴向进给手轮；5—砂轮修整器；
6—立柱；7—行程挡块；8—工作台；9—径向进给手轮；10—床身

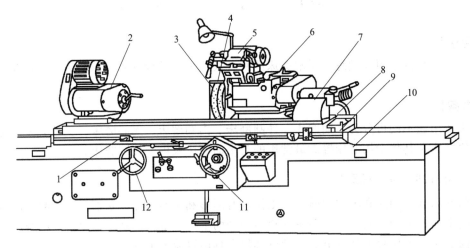

图 3-2-2　M4132A 型万能外圆磨床

1—换向挡块；2—头架；3—砂轮；4—内圆磨具；5—磨架；
6—砂轮架；7—尾架；8—上工作台；9—下工作台；10—床身；
11—横向进给手轮；12—纵向进给手轮

1. 万能外圆磨床主要部件及其功用

（1）床身　用来安装磨床的各个主要部件，上部装有工作台和砂轮架，内部装有液压传动装置及传动操纵机构。

（2）工作台　磨削时工作台由液压传动带动沿床身上面的纵向导轨做往复直线运动。万能外圆磨床的工作台面还能扳转一个很小的角度，以便磨削圆锥面。

（3）砂轮架　砂轮架主轴端部装砂轮，由单独电机驱动，砂轮架可沿床身上部的横向导轨移动，以完成横向进给。

（4）头架、尾座　安装在工作台的 T 形槽上。头架主轴由单独电机驱动，通过带传动及变速机构，使工件获得不同转速。尾座上装有顶尖，用以支撑长工件。

（5）内圆磨头　内圆磨头的主轴可安装内圆磨削砂轮，并由单独电机驱动，完成内圆面的磨削。

2. 主运动与进给运动

（1）主运动　磨削外圆时为砂轮的回转运动；磨内圆时为内圆磨头的磨具（砂轮）的回转运动。

（2）进给运动　①工件的圆周进给运动，即头架主轴的回转运动。②工作台的纵向进给运动，由液压传动实现。③砂轮架的横向进给运动，为步进运动，即每当工作台一个纵向往复运动终了，由机械传动机构使砂轮架横向移动一个位移量（控制磨削深度）。

项目三　熟　悉　砂　轮

【任务要求】

通过本项目的学习和训练，了解砂轮的种类、组成及特性，理解砂轮的平衡及修整的目的，掌握砂轮的平衡、安装及砂轮的修整方法。

【知识内容】

一、砂轮的组成和特性

砂轮由磨料、结合剂、气孔三部分组成，如图 3-3-1 所示。

砂轮的特性由磨料、粒度、结合剂、硬度、组织、形状和尺寸、强度（最高工作速度）七个要素来衡量。各种不同特性的砂轮，均有一定的适用范围，因此，应按照实际的磨削要求合理地选择和使用砂轮。

1. 磨料

磨具（砂轮）中磨粒的材料称为磨料。它是砂轮的主要成分，是砂轮产生切削作用的根本要素。由于磨削时要承受强烈的挤压、摩擦和高温的作用，所以磨料应具有极高的硬度、耐磨性、耐热性，以及相当的韧性和化学稳定性。制造砂轮的磨料，按成分一般分为氧化物（刚玉 AL203）、碳化物（绿色碳化硅 SiC）和超硬材料（人造金刚石、立方氮化硼）三类。

2. 粒度

表示磨料颗粒尺寸大小的参数称为粒度。按磨料基本颗粒大小，共规定有 41 个粒度号。磨料粒度影响磨削的质量和生产率。粒度的选择主要根据加工的表面粗糙度要求和加工材料的力学性能。一般来说，粗磨时选用粗粒度（基本粒尺寸大），精磨时选用细粒度（基本粒尺寸小）；磨削质软、塑性大的材料宜用粗粒度，磨削质硬、脆性材料宜用细粒度。

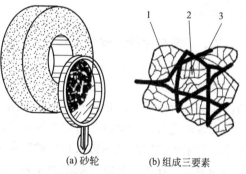

(a) 砂轮　　　　(b) 组成三要素

图 3-3-1　砂轮的组成

1—气孔；2—磨料；3—结合剂

3. 结合剂

结合剂是用来将分散的磨料颗粒黏结成具有一定形状和足够强度的磨具材料。结合剂的种类和性质将影响砂轮的硬度、强度、耐腐蚀性、耐热性及抗冲击性等。用于制造砂轮的结合剂主要是陶瓷结合剂（代号为 V）、树脂结合剂（代号为 B）和橡胶结合剂（代号为 R）。

4. 硬度

砂轮的硬度是指结合剂黏结磨料颗粒的牢固程度，它表示砂轮在外力（磨削抗力）作用下磨料颗粒从砂轮表面脱落的难易程度。磨粒容易脱落的砂轮硬度低，称为软砂轮；磨粒不容易脱落的砂轮硬度高，称为硬砂轮。砂轮的硬度由软至硬按 A、B、…、Y（I、O、U、V、W、X 除外）共分 19 级。

砂轮的硬度对磨削的加工精度和生产率有很大的影响。通常磨削硬度高的材料应选用软砂轮，以保证磨钝的磨粒能及时脱落；磨削硬度低的材料应选用硬砂轮，以充分发挥磨粒的切削作用。

砂轮硬度选择原则：磨削硬材，选软砂轮；磨削软材，选硬砂轮；磨导热性差的材料，不易散热，选软砂轮以免工件烧伤；砂轮与工件接触面积大时，选较软的砂轮；成形磨精磨时，选硬砂轮；粗磨时选较软的砂轮。大体上说，磨硬金属时，用软砂轮；磨软金属时，用硬砂轮。

5. 组织

砂轮组织是指砂轮中磨料、结合剂、空隙三者体积的比例关系。组织号是由磨料所占的百分比来确定的，反映了砂轮中磨料、结合剂和气孔三者体积的比例关系，即砂轮结构的疏密程度。组织分紧密、中等、疏松三类 13 级。紧密组织成形性好，加工质量高，适于成形磨、精密磨和强力磨削。中等组织适于一般磨削工作，如淬火钢、刀具刃磨等。疏松组织不易堵塞砂轮，适于粗磨、磨软材、磨平面、内圆等接触面积较大时，以及磨热敏性强的材料或薄件。

6. 形状和尺寸

根据机床结构与磨削加工的需要，砂轮制成各种形状和尺寸。为方便选用，在砂轮的非工作表面上印有特性代号，如代号 PA60KV6P300X40X75，表示砂轮的磨料为铬刚玉（PA），粒度为 60 号，硬度为中软（K），结合剂为陶瓷（V），组织号为 6 号，形状为平形砂轮（P），尺寸外径为 300mm，厚度为 40mm，内径为 75mm。

7. 强度

砂轮的强度是指在惯性力作用下，砂轮抵抗破坏的能力。砂轮回转时产生的惯性力，与砂轮的圆周速度的平方成正比。因此，砂轮的强度通常用最高工作速度（亦称安全圆周速度）表示。

二、砂轮的平衡、安装及修整

1. 砂轮的安装与平衡

砂轮在高速下工作，安装前必须经过外观检查，或通过敲击响声来判断是否有裂纹，以防高速旋转时破裂。砂轮的安装方法如图 3-3-2 所示。

安装砂轮时，砂轮内孔与砂轮轴配合间隙要适当，过松会使砂轮旋转时偏向一边而产生振动，过紧则磨削时受热膨胀易将砂轮胀裂，一般配合间隙为 0.1～0.8mm。砂轮用法兰盘与螺帽紧固，在砂轮与法兰盘之间垫以 0.3～3mm 厚的皮革或耐油橡胶制成的垫片。

为使砂轮平稳的工作，一般直径大于 125mm 时都要进行平衡试验。砂轮的平衡一般采取静平衡方式，在平衡架上进行，如图 3-3-3 所示。将砂轮装在心轴 2 上，再将心轴放在平衡架 6 的平衡轨道 5 上。若不平衡，较重部分总是转到下面。这时可移动法兰盘端面环槽内的平衡铁 4 进行调整。经反复平衡试验，直到砂轮可在平衡轨道任意位置都能静止，即说明砂轮各部分的质量分布均匀。这种方法称为静平衡。

2. 砂轮的修整

砂轮工作一定时间后，磨粒逐渐变钝，这时必须修整。

修整时，将砂轮表面一层变钝的磨粒切去，使砂轮重新露出完整锋利的磨粒，以恢复砂轮的几何形状。砂轮常用金刚石笔进行修整，如图 3-3-4 所示。

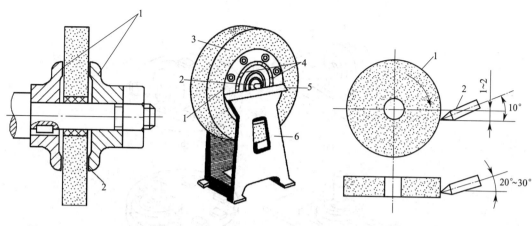

图 3-3-2　砂轮的安装
1—法兰盘；2—垫片

图 3-3-3　砂轮的平衡
1—砂轮套筒；2—心轴；3—砂轮；
4—平衡铁；5—平衡轨道；6—平衡架

图 3-3-4　砂轮的修整
1—砂轮；2—金刚石笔

砂轮修整除用于磨损砂轮外，还用于以下场合：

① 砂轮被切屑堵塞；

② 部分工材黏结在磨粒上；

③ 砂轮廓形失真；

④ 精密磨削中的精细修整等。

项目四　磨削的操作方法

【任务要求】

通过本项目的学习和训练，掌握平面及内外圆的磨削加工方法及工件的正确安装方法，理解并掌握磨削加工精度的控制方法。

【知识内容】

由于磨削加工精度高，表面粗糙度值小，能磨高硬脆的材料，因此应用十分广泛。现仅就内外圆柱面、内外圆锥面及平面的磨削工艺进行讨论。

一、平面磨削

各种零件上位置不同的平面，如相互平行、相互垂直以及倾斜一定角度的平面，都可以用磨削进行精加工。磨平面一般使用平面磨床。

1. 磨平面的方法

在平面磨床上磨削平面有周磨法和端磨法两种方式。图 3-4-1 是平面磨削示意图，图 3-4-1(a)、(b)所示是圆周磨平面；图 3-4-1(c)、(d) 所示是端面磨平面。

(1) 周磨法　用砂轮圆周面磨削工件，如图 3-4-1(a)、(b) 所示。

(2) 端磨法　用砂轮端面磨削工件，如图 3-4-1(c)、(d) 所示。

周磨时砂轮与工件接触面积小，排屑及冷却条件好，工件发热量少。因此磨削易翘曲变形的薄片零件，能获得较好的加工精度及表面质量，但磨削效率较低。端磨时由于砂轮轴伸出较短，而且主要是受轴向力，所以刚性较好，能采用较大的磨削用量。此外，砂轮与工件接触面积大，因而磨削效率高。但发热量大，不易排屑和冷却，故加工质量较周磨低。

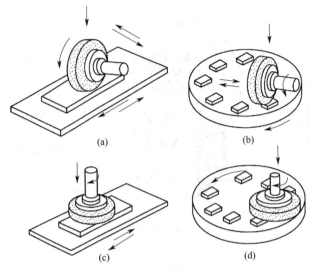

(a)   (b)

(c)   (d)

图 3-4-1 平面磨削示意图

2. 工件装夹方法

平面磨床上工件的装夹，需要根据工件的形状、尺寸和材料等因素来决定。凡是由钢、铸铁等磁性材料，且具有两个平行平面的工件，一般都用电磁吸盘直接装夹。电磁吸盘体内装有线圈，通入直流电产生磁力，吸牢工件。对于非磁性材料（铜、铝、不锈钢等）或形状复杂的工件，应在电磁吸盘上安放一精密虎钳或简易夹具来装卡；也可以直接在普通工作台上采用虎钳或简易夹具来安装。

二、外圆磨削

1. 工件的安装

磨外圆时常用的工件装夹方法有两顶尖装夹、三爪自定心卡盘装夹（没有中心孔的圆柱形工件）和四爪单动卡盘或花盘装夹（外形不规则的工件）、心轴装夹（套筒类零件）四种装夹方法。

两顶尖装夹工件的方法如图 3-4-2 所示。由于磨床所用的前、后顶尖都是固定不动的（即死顶尖），尾座顶尖又是依靠弹簧顶紧工件，使工件与顶尖始终保持适当的松紧程度，所以可避免磨削时因顶尖摆动而影响工件的精度。因此，两顶尖装夹工件的方法，定位精度高，装夹工件方便，应用最为普遍。

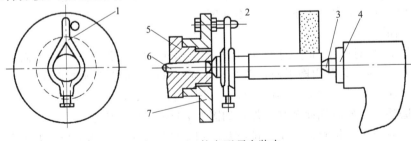

图 3-4-2 工件在两顶尖装夹

1—鸡心夹头；2—拨杆；3—后顶尖；4—尾架套筒；

5—头架主轴；6—前顶尖；7—拨盘

2. 磨削运动和磨削用量

在外圆磨床上磨削外圆，需要下列几种运动，如图 3-4-3 所示。

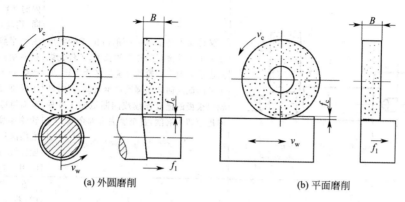

(a) 外圆磨削　　　　　　　　　(b) 平面磨削

图 3-4-3　磨削时的运动

（1）主运动　即砂轮高速旋转运动。砂轮圆周速度 v_c 按下式计算：

$$v_c = \frac{\pi d n}{1000 \times 60}$$

式中　v_c——砂轮圆周速度，m/s；

　　　d——砂轮直径，mm；

　　　n——砂轮旋转速度，r/min。

一般外圆磨削时，$v_c = 30 \sim 35\text{m/s}$。

（2）圆周进给运动　即工件绕本身轴线的旋转运动。工件圆周速度 v_w 一般为 $13 \sim 26\text{m/min}$。粗磨时 v_w 取大值，精磨时 v_w 取小值。

（3）纵向进给运动　即工件沿着本身的轴线做往复运动。工件每转一转，工件相对于砂轮的轴向移动距离就是纵向进给量 f_1（单位：mm/r）。一般 $f_1 = (0.2 \sim 0.8) B$（B 为砂轮宽度），粗磨时取大值，精磨时取小值。

（4）横向进给运动　即砂轮径向切入工件的运动。它在行程中一般是不进给的，而是在行程终了时周期地进给。横向进给量 f_c 也就是通常所谓的磨削深度，指工作台每单行程或每双行程工件相对砂轮横向移动的距离。一般 $f_c = 0.05 \sim 0.5\text{mm}$。

3. 外圆磨削方法

在外圆磨床上磨削外圆常用的方法有纵向磨法、横向磨法、综合磨削法和深度磨削法，其中以纵磨法用得最多，见表 3-4-1。

表 3-4-1　磨削方法

方法	图示	定义	特点及应用
纵向磨削法		砂轮的高速回转为主运动，工件的低速回转作圆周进给运动，工作台作纵向往复进给运动，实现对工件整个外圆表面的磨削。每当一次纵向往复行程终了时，砂轮做周期性的横向进给运动，直至达到所需的磨削深度	纵磨法的特点是具有万能性，可用同一砂轮磨削长度不同的各种工件，且加工质量好，但磨削效率低，目前生产中应用较广，特别是在单件、小批量生产中以及精磨时均采用这种方法

方法	图示	定义	特点及应用
横向磨削法	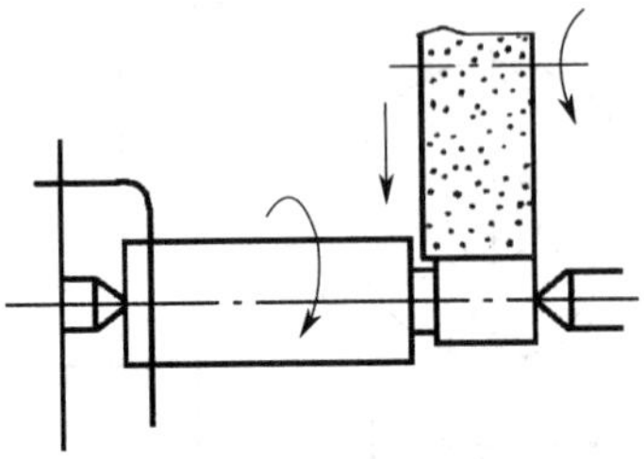	又称切入磨削法。磨削时由于砂轮厚度大于工件被磨削外圆的长度，工件无纵向进给运动。砂轮的高速回转为主运动，工件的低速回转作圆周进给运动，同时砂轮以很慢的速度连续或间断地向工件横向进给切入磨削，直至磨去全部余量	砂轮与工件接触长度内的磨粒的工作情况相同，均起切削作用，因此生产率较高，但磨削力和磨削热大，工件容易产生变形，甚至发生烧伤现象，加工精度降低，表面粗糙度值增大。受砂轮厚度的限制，横向磨削法只适用于磨削长度较短的外圆表面及不能用纵向进给的场合
综合磨削法	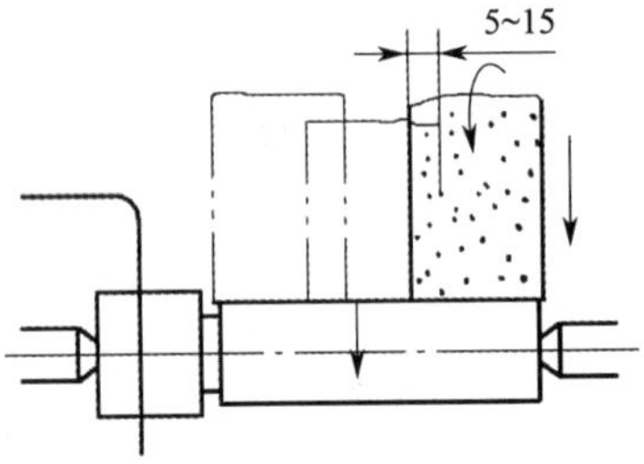	横向磨削与纵向磨削的综合。磨削时，先采用横向磨削法分段粗磨外圆，并留精磨余量，然后再用纵向磨削法精磨到规定的尺寸	在一次纵向进给运动中，将工件磨削余量全部切除而达到规定的尺寸要求。这种磨削方法综合了横磨法生产率高、纵磨法精度高的优点。当工件磨削余量较大，加工表面的长度为砂轮宽度的 2～3 倍，而一边或两边又有台阶时，采用此法最为合适
深度磨削法	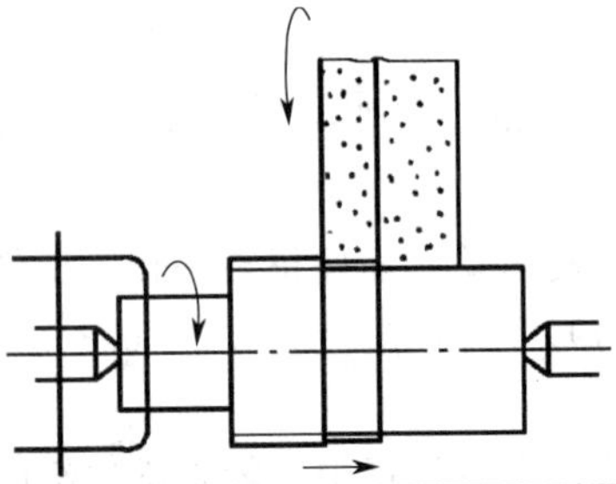	在一次纵向进给运动中，将工件磨削余量全部切除而达到规定尺寸要求，磨削方法与纵向磨削法相同，但砂轮的一端外缘需修成阶梯形	深磨法的生产率约比纵磨法高一倍，磨削力大，工件刚性及装夹刚性要好。由于修整砂轮较复杂，故此法只适合大批量生产中允许磨削砂轮越出被加工面两端较大距离的工件

三、内圆磨削

在万能外圆磨床上用内圆磨头磨削内圆主要用于单件、小批量生产，在大批、大量生产中则宜使用内圆磨床磨削。如图 3-4-4 所示为 M2120 型内圆磨床。

内圆磨削是常用的内孔精加工方法，可以加工工件上的通孔、盲孔、台阶孔及端面等。

1. 工件的装夹

在内圆磨床上磨工件的内孔，如工件为圆柱体，且外圆柱面已经过精加工，则可用三爪自定心卡盘或四爪单动卡盘找正外圆装夹。如工件外表面较粗糙或形状不规则，则以内圆本身定位找正安装。

在万能外圆磨床上磨圆柱体的内孔，短工件用三爪自定心卡盘或四爪单动卡盘找正外圆装夹。长工件的装夹方法有两种：一种是一端用卡盘夹紧，另一端用中心架支承，如图 3-4-5(a) 所示；另一种是用 V 形夹具装夹，如图 3-4-5(b) 所示。

2. 磨内孔的方法

在万能外圆磨床上磨内圆的方法有纵向磨削法和横向磨削法两种，如图 3-4-6 所示。

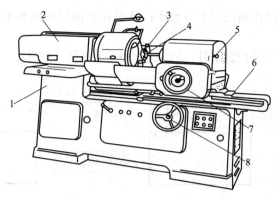

图 3-4-4　M2120 型内圆磨床

1—床身；2—头架；3—砂轮修整器；4—砂轮；5—砂轮架；

6—工作台；7—操纵砂轮架手轮；8—操纵工作台手轮

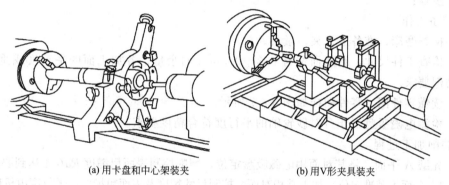

(a) 用卡盘和中心架装夹　　　　　　(b) 用V形夹具装夹

图 3-4-5　工件磨内孔时的装夹方法

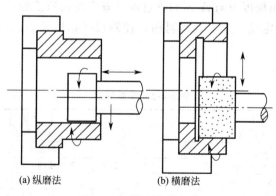

(a) 纵磨法　　　　　　　(b) 横磨法

图 3-4-6　磨内孔的方法

　　内圆磨削方法与外圆磨削相似，只是砂轮的旋转方向与磨削外圆时相反，操作方法以纵磨法应用最广，但生产率较低，磨削质量较低。原因是由于受零件孔径限制使砂轮直径较小，砂轮圆周速度较低，所以生产率较低。又由于冷却排屑条件不好，砂轮轴伸出长度较长，使得表面质量不易提高。但由于磨孔具有万能性，不需成套刀具，故在单件、小批生产中应用较多，特别是淬火零件，磨孔仍是精加工孔的主要方法。

【任务实施】

　　任务名称 1：磨削长方体工件（图 3-4-7）

任务要求： 能正确操作和使用平面磨床；掌握长方体磨削的基本方法（控制尺寸精度、平行度及垂直度）。

任务材料： 45 钢车成半成品工件，M7120A 型平面磨床、钢直尺、游标卡尺、千分尺等。

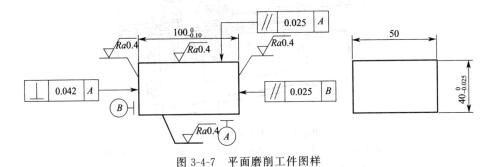

图 3-4-7　平面磨削工件图样

操作步骤：

1. 准备工作

（1）检查磨床，准备工、夹、量具。

（2）检查工件尺寸，磨削面留有 0.3～0.5mm 的余量；各加工面的平行度或垂直度误差满足磨削要求。

（3）读懂零件图。零件图样如图 3-4-7 所示。

（4）检测电磁吸盘工作台对砂轮轴的平行度符合精度要求。

2. 磨削加工过程

（1）先磨 A 平面。将其对面用电磁吸盘定位，磨削控制表面粗糙度 Ra0.4 达到要求即可。

（2）以 A 面为基准定位，加工其相对面，控制尺寸精度及表面粗糙度，平行度由机床保证。

（3）磨 B 平面，先将 90°角铁吸附在工作台上，工件的 A 面与角铁的基准面贴平（吸附），磨削 B 面，控制粗糙度及与 A 面的垂直度（垂直度由角铁的精度保证）。

（4）以 B 面为基准定位，加工其相对面，控制尺寸精度及表面粗糙度，平行度由机床保证。

成绩评定： 见表 3-4-2。

表 3-4-2　成绩评定

工件号		座号		姓名		学号		总得分	
项目		质量检测内容		配分		评分标准		实测结果	得分
		$40^{0}_{-0.025}$ mm		20 分		超差不得分			
		表面粗糙度 $Ra0.4\mu m$(2 处)		$2\times6=12$ 分		粗糙度降一级扣 3 分			
		平行度 0.025mm		10 分		超差不得分			
		$100^{0}_{-0.10}$ mm		15 分		超差不得分			
内孔		表面粗糙度 $Ra0.4\mu m$(2 处)		$2\times6=12$ 分		粗糙度降一级扣 3 分			
		平行度 0.025mm		10 分		超差不得分			
		垂直度 0.042mm		10 分		超差不得分			
工具、设备的		合理使用工具、量具、刀具、夹具		3 分		使用错误不得分			
使用与维护		正确操作机床、按规定维护保养机床		3 分		错误操作不得分			
安全及其他		文明操作、安全操作		5 分		违者不得分			
		合计		100 分					
评分标准:尺寸精度超差时,粗糙度不得分									
现场记录:									

任务名称 2：磨削套类零件（图 3-4-8）

任务要求：能正确使用磨床；掌握内外圆磨削的基本操作方法。

任务材料：45 钢车成半成品工件，M1432A 型万能外圆磨床、钢直尺、游标卡尺、千分尺、游标深度尺、内径百分表。

操作步骤：

1. 准备工作

（1）检查磨床，准备工、夹、量具。

（2）准备毛坯材料。

（3）读懂零件图，零件图样如图 3-4-8 所示。

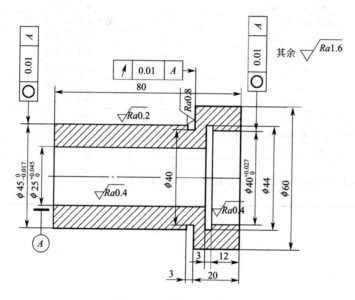

图 3-4-8　磨削加工工件

2. 磨削加工过程

磨削前已进行过半精加工，除孔 $\phi 25^{+0.045}_{0}$、$\phi 40^{+0.027}_{0}$ 和外圆 $\phi 45^{0}_{-0.017}$ 及台阶端面外，都已加工至尺寸精度。要求内、外圆同心及与端面互相垂直是这类零件的特点。对图示轴套的磨削加工，为了保证孔 $\phi 25^{+0.045}_{0}$ 的加工精度，安排了粗、精磨两个步骤。磨削加工可在万能外圆磨床上进行，具体步骤如下：

（1）以 $\phi 45^{0}_{-0.017}$ 外圆定位，将工件夹持在三爪自定心卡盘中，用百分表找正。粗磨 $\phi 25$ 内孔。留精磨余量 0.04～0.06mm。

（2）更换砂轮，粗、精磨 $\phi 40^{+0.027}_{0}$。

（3）更换砂轮，精磨 $\phi 25^{+0.045}_{0}$ 内孔。

（4）以 $\phi 25^{+0.045}_{0}$ 内孔定位，用心轴安装，粗、精磨 $\phi 45^{0}_{-0.017}$ 外圆及台阶面达到要求。

注意事项：磨削时，为了达到位置精度的要求，应尽量在一次装夹中完成全部表面加工。如不能做到，则应先加工孔，而后以孔定位，用心轴装夹，加工外圆表面和台阶端面。

成绩评定：见表 3-4-3。

表 3-4-3 成绩评定

工件号		座号		姓名		学号		总得分	
项目	质量检测内容			配分		评分标准		实测结果	得分
外圆	$\phi 45^{0}_{-0.017}\,mm$			15 分		超差不得分			
	表面粗糙度 $Ra\,0.2\mu m$			6 分		粗糙度降一级扣 2 分			
	$\phi 60mm$			5 分		超差不得分			
	表面粗糙度 $Ra\,1.6\mu m$			3 分		粗糙度降一级扣 2 分			
内孔	$\phi 40mm$			5 分		超差不得分			
	表面粗糙度 $Ra\,1.6\mu m$			3 分		粗糙度降一级扣 2 分			
	$\phi 40^{+0.027}_{0}\,mm$			15 分		超差不得分			
	表面粗糙度 $Ra\,0.2\mu m$			6 分		粗糙度降一级扣 2 分			
	$\phi 25^{+0.045}_{0}\,mm$			15 分		超差不得分			
	表面粗糙度 $Ra\,0.4\mu m$			6 分		粗糙度降一级扣 2 分			
沟槽	$\phi 44mm \times 3mm$			2 分		超差不得分			
长度	80mm			2 分		超差不得分			
	20mm			2 分		超差不得分			
	12mm			2 分		超差不得分			
	3mm			2 分		超差不得分			
工具、设备的使用与维护	合理使用工具、量具、刀具、夹具			3 分		不加工不得分			
	正确操作机床、按规定维护保养机床			3 分		错误操作不得分			
安全及其他	文明操作、安全操作			5 分		违者不得分			
合计				100 分					

评分标准：未注尺寸公差按 IT10 及加工；尺寸精度超差时，粗糙度不得分

现场记录：

第四单元　钳工基本操作

教学要求

知识目标：

★ 了解钳工常用设备、工量具的构造和工作原理。

★ 掌握钳工常用量具的使用方法。

★ 掌握划线、锯削、锉削、孔加工、螺纹加工等基本操作技能要领。

能力目标：

★ 能正确使用钳工常用的工具、量具。

★ 能熟练掌握划线、锯削、锉削、孔加工和螺纹加工等基本操作技能。

★ 能使用、调整和维护保养本工种的主要设备。

★ 具有安全生产和文明生产习惯，养成良好的职业道德。

钳工大多数是使用手工工具为主，并经常在台虎钳上对金属材料进行手工加工，完成零件的制作以及机器的装配、调整和修理的一个工种。在科学技术飞速发展的今天，先进的机器设备和精密设备不断涌现，但是在机械制造过程中，一些采用机械方法不太适宜或不能解决的工作却需要由钳工来完成，如零件加工过程中的划线、精密加工（如刮削、研磨、锉削样板和模具制作等），以及机器的装配、调整、修理。机器的改进和技术革新等都需由钳工完成，所以钳工是机器制造业中不可缺少的工种。

钳工基本操作主要讲解划线、錾削、锯削、锉削、孔加工、螺纹加工等内容。本单元通过任务训练达到掌握操作要领的目的。

项目一　划　　线

【任务要求】

通过本项目的学习和训练，掌握划线工具的种类和使用方法；能按生产图样要求在工件毛坯上正确划线；划线操作时能达到线条清晰、粗细均匀，尺寸误差不大于 0.25～0.5mm。

【知识内容】

划线是指在毛坯或工件上，用划线工具划出待加工部位的轮廓线或作为基准的点和线，如图 4-1-1 所示，这些点和线标明了工件某部分的形状、尺寸或特性，并确定了加工的尺寸界线。在机加工中，划线主要涉及下料、铣削、钻削及车削等加工工艺。

划线分平面划线和立体划线两种。只需要在工件的一个表面上划线即能明确表示加工界线的，称

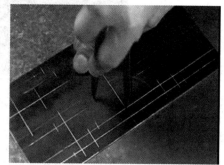

图 4-1-1　划线

为平面划线，如图 4-1-2 所示。需要在工件的几个互成不同角度（通常是互相垂直）的表面上划线才能明确表示加工界线的，称为立体划线，如图 4-1-3 所示。

图 4-1-2 平面划线

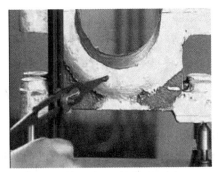

图 4-1-3 立体划线

一、划线概述

1. 划线的作用

划线工作既可以在毛坯表面上进行，也可以在已经加工表而进行，其作用如下。

（1）确定工件的加工余量使加工有明显的尺寸界限。

（2）为便于复杂工件在机床上的装夹，可按划线找正定位。

（3）能及时发现和处理不合格的毛坯。

（4）当毛坯误差不大时，可通过借料划线的方法进行补救，提高毛坯的合格率。

2. 划线精度及要求

划线的基本要求是线条清晰均匀，定形、定位尺寸准确。由于划线的线条有一定的宽度，在使用划线工具和调整尺寸时也难免产生误差，所以不可能绝对准确。一般的划线精度能达到 0.25～0.5mm。

注意：工件的加工精度（尺寸、形状精度）不能完全由划线确定，而应该在加工过程中通过测量来保证。

3. 划线工具与涂料

（1）常用划线工具的使用见表 4-1-1。

表 4-1-1 常用划线工具的使用

工具名称	图　例	用　途
划线平板	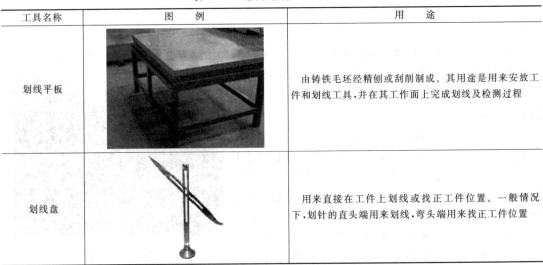	由铸铁毛坯经精刨或刮削制成。其用途是用来安放工件和划线工具，并在其工作面上完成划线及检测过程
划线盘		用来直接在工件上划线或找正工件位置。一般情况下，划针的直头端用来划线，弯头端用来找正工件位置

续表

工具名称	图　例	用　途
划针		划线用的基本工具,常用的划针是用 $\phi3\sim\phi6mm$ 的弹簧钢丝或高速钢制成,其长度为 $200\sim300mm$,尖端磨成 $15°\sim20°$ 的尖角,并经热处理,以提高其硬度和耐磨性(硬度可达 $55\sim60HRC$)
划规		用来划圆和圆弧、等分线段、等分角度及量取尺寸等。一般用工具钢制成,脚尖经热处理,硬度可达 $48\sim53HRC$。有的划规在两脚端部焊上一段硬质合金,使用时,耐磨性更好常用的划规有普通划规、弹簧划规和扇形划规三种
长划规		专门用来划大尺寸圆或圆弧。在滑杆上调整两个划规脚,即可得到所需的尺寸
单脚划规		用碳素工具钢制成,尖端焊上高速钢。可用来求圆形工件的中心,操作比较方便。也可沿加工好的平面划平行线
游标高度尺		一种比较精密的量具及划线工具,既可以用来测量高度,又可以用量爪直接划线

工具名称	图　　例	用　　途
样冲		用于在所划的线条或圆弧中心上冲眼。一般用工具钢制成，并经热处理，硬度可达 55～60HRC，其尖角磨成 60°
90°角尺		钳工常用的测量工具，划线时可作为划垂直线成平行线的导向工具，同时可用来找正工件在平板上的垂直位置
方箱		用灰铸铁制成的空心立方体或长方体。划线时，可用 C 形夹头将工件夹于方箱上，再通过翻转方箱，便可以在一次安装的情况下，将工件上互相垂直的线全部划出来方箱上的 V 形槽平行于相应的平面，它用于装夹圆柱形工件
V 形槽		一般 V 形架都是一副两块，夹角为 90°或 120°，主要用于支撑轴类工件
垫铁		用来支持和垫高毛坯工件，能对工件的高低作少量的调节

续表

工具名称	图　例	用　途
千斤顶		用来支持毛坯或形状不规则的工件进行立体划线。它可调整工件的高度，以便安装不同形状的工件

（2）划线涂料的种类及选用

为使工件表面上划出的线条清晰，一般在工件表面的划线部位涂上一层薄而均匀的涂料。常用的划线涂料配方及应用见表 4-1-2。

表 4-1-2　常用的划线涂料配方

名称	配　置　比　例	应　用
石灰水	稀糊状熟石灰水加适量骨胶或桃胶	铸件、锻件毛坯
蓝油	2％～4％龙胆紫加 3％～5％虫胶漆和 91％～95％酒精混合而成	已加工表面
硫酸铜溶液	100g 水中加 1～1.5g 硫酸铜和少许硫酸溶液	形状复杂的工件

二、平面划线

1. 基准的概念

（1）设计基准　在零件图上用来确定其他点、线、面位置的基准称为设计基准。

（2）划线基准　划线时选择工件上某个点、线或面作为依据，用它来确定工件其他的点、线、面尺寸和位置，这个依据称为划线基准。

2. 划线基准选择原则

无论平面划线还是立体划线，基准选择的基本原则是一致的，就是划线基准应尽量与设计基准重合。

① 对称形状的工件，应以对称中心线为基准。

② 有孔的工件，应以主要孔的中心线为基准。

③ 在未加工的毛坯上划线，应以主要不加工面做基准。

④ 在加工过的工件上划线，应以加工过的表面做基准。

3. 常用划线基准类型（见图 4-1-4）

① 以两个互相垂直的平面（或线）为基准。

② 以一个平面（或直线）和一条中心线为基准。

③ 以两条相互垂直的中心线为基准。

4. 应用分度头划线

分度头是铣床上等分圆周用的附件。钳工常用它来对中、小型工件进行分度和划线。其优点是使用方便，精确度较高。

（1）分度头型号及规格　分度头主要规格是以主轴中心到底面的高度（mm）表示的，例如 FW125 型万能分度头，其主轴中心到底面的高度为 125mm。常用的型号有 FW100、FW125、FW160 等几种。这三种分度头的传动原理都相同，外形结构也基本相似，主要由主轴、分度盘、扇形叉、转动体及底座等组成，见图 4-1-5 所示。

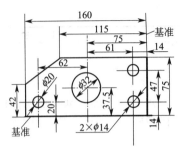

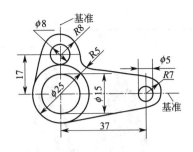

(a) 以两个互相垂直的平面为基准

(b) 以两条互相垂直的中心为基准

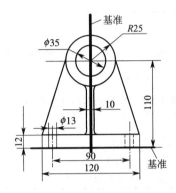

(c) 以一个平面和一条中心线为基准

图 4-1-4 划线基准选择

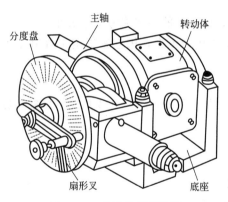

图 4-1-5 分度头外形结构

（2）分度头结构及传动系统 分度头的传动系统如图 4-1-6 所示。分度前应先将分度盘固定（使之不能转动），再调整手柄插销，使它对准所选分度盘的孔圈。分度时先拔出手柄插销，转动分度手柄，带动主轴转至所需要分度的位置然后将插销重新插入分度盘中。

（3）分度头的主要附件

① 分度盘。分度头有配一块分度盘的，也有配两块分度盘的。常用的 FW125 分度头备有两块分度盘，正、反面都有均布的孔圈。分度盘的孔圈孔数见表 4-1-3。

表 4-1-3 分度头定数、分度盘孔数

分度头形式	定数	分度盘的孔数
带一块分度盘	40	正面:24,25,28,30,34,37,38,39,41,42,43
		反面:46,47,49,51,53,54,57,58,59,62,66
带两块分度盘	40	第一块正面:24,25,28,30,34,37
		反面:38,39,41,42,43
		第二块正面:46,47,49,51,53,54
		反面:57,58,59,62,66

② 分度叉。在分度时，为了避免每分度一次要数一次孔数，可采用分度叉来计数。应先按分度的孔数调整好分度叉，再转动手柄。图 4-1-7 所示为分度叉的结构及每次分度转 8 个孔的情况。

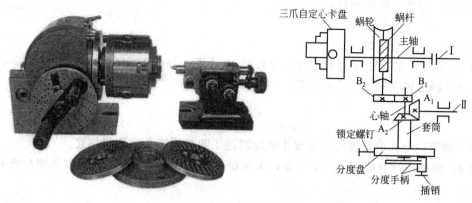

图 4-1-6　分度头的传动系统

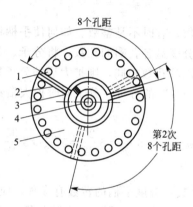

图 4-1-7　分度叉

1—插销孔；2—分度叉；3—紧固螺钉；4—心轴；5—分度盘

③ 三爪自定心卡盘。三爪自定心卡盘通过法兰盘装在分度头主轴上用以夹持工件，如图 4-1-8 所示。

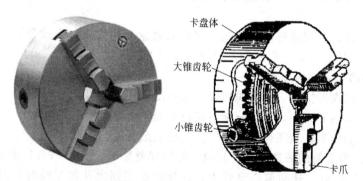

图 4-1-8　三爪自定心卡盘

（4）分度方法

当手柄转一周，单头蜗杆也转一周，与蜗杆啮合的 40 个齿的蜗轮转一个齿，即转 1/40 周，被三爪自定心卡盘夹持的工件转 1/40 周。如果工件作 z 等分，则每次分度主轴应转 $1/z$ 周，分度手柄每次分度应转过的圈数为：

$$n = 40/z$$

式中　n——分度手柄的转数；

　　　z——工件等分数；

　　　40——分度头定数。

例 1：在工件某一圆周上划出均匀分布的 10 个孔，试求每划完一个孔的位置后，分度手柄应转几圈后再划第二个孔的位置？

解：

$$n = 40/z = 40/10 = 4$$

即每划完一个孔的位置后，分度手柄应转过 4 圈再划第 2 个孔的位置。

例 2：要将一圆盘端面进行 7 等分，求每划一条线后，分度手柄应转过几圈后再划第二条线？

解：

$$n = \frac{40}{z} = \frac{40}{7} = 5\frac{5}{7}$$

由此可见，分度手柄的转数，有时不是整数。如何使手柄精确地转过 5/7 周，这时就需要利用分度盘进行分度。根据分度盘各孔圈的孔数，将分子、分母同时扩大相同倍数，使扩大后的分母数与分度盘某一孔圈的孔数相同，则扩大后的分子数就是分度手柄在该圈上应转过的孔数。根据表 4-1-3，将"5/7"的分母、分子同时扩大倍数，则分度手柄的转数有多种选择：

$$n = \frac{40}{7} = 5\frac{5}{7} = 5\frac{20}{28} = 5\frac{30}{42} = 5\frac{35}{49}$$

注意：

① 分母、分子同时扩大倍数；分度手柄的转数有多种，应尽可能选用孔数较多的孔圈。

② 用分度盘分度时，为使分度准确而迅速，应避免每分度一次数一次孔数，可利用安装在分度头上的分度叉进行计数。

三、立体划线

① 找正：利用划线工具，通过调节支撑工具，使工件有关的毛坯表面都处于合适的位置。

② 借料：通过试划和调整，使各加工表面的余量互相借用，合理分配，从而保证各加工表面都有足够的加工余量，而使误差和缺陷在加工后排除。

对毛坯零件借料划线的步骤如下。

① 测量工件的误差情况，找出偏移部位和测出偏移量。

② 确定借料方向和大小，合理分配各部位的加工余量，划出基准线。

③ 以基准线为依据，按图样要求，依次划出其余各线。

图 4-1-9 所示为套筒的锻造毛坯，其内、外圆都要加工。图 4-1-9（a）所示为合格毛坯划线。如果锻造毛坯的内、外圆偏心量较大，以外圆找正划内孔加工线时，内孔加工余量不足，如图 4-1-9（b）所示；按内孔找正划外圆加工线，则外圆加工余量不足，如图 4-1-9（c）所示。只有将内孔、外圆同时兼顾，采用借料的方法才能使内孔和外圆都有足够的加工余量，如图 4-1-9（d）所示。

【任务实施】

任务名称：轴承支座的划线

任务要求：如图 4-1-10 所示，按尺寸要求划线。

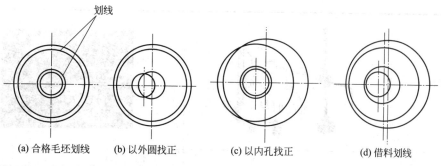

(a) 合格毛坯划线　　(b) 以外圆找正　　　(c) 以内孔找正　　　(d) 借料划线

图 4-1-9　套筒划线

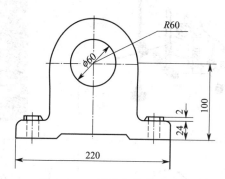

图 4-1-10　轴承座的尺寸要求

任务器材：平板、划线盘、划针、划规、游标高度尺、样冲、90°角尺、方箱、V形槽、垫铁、千斤顶。

操作步骤：见表 4-1-4。

表 4-1-4　轴承支座的划线步骤

1. 找正	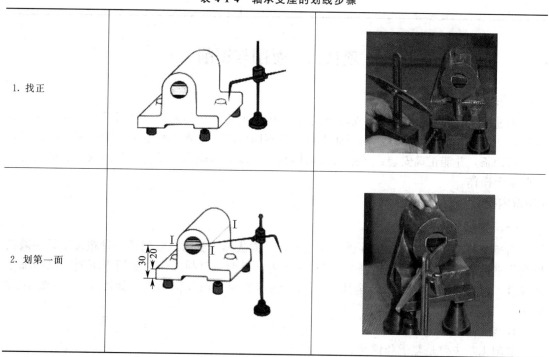	
2. 划第一面		

续表

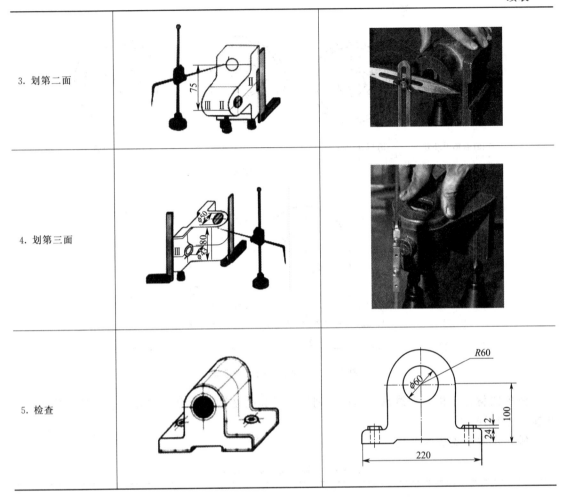

3. 划第二面		
4. 划第三面		
5. 检查		

项目二　錾削与锯削

【任务要求】

通过本项目的学习和训练，掌握錾削、锯削的姿势及动作要领；掌握平面錾削、锯削的方法，并达到一定的精度；能根据加工材料的不同性质，正确刃磨錾子；能根据不同材料正确选用锯条，并能正确安装；了解锯条损坏和产生废品的原因；懂得工具的保养和做到安全文明生产操作。

【知识内容】

一、錾削

用锤子打击錾子对金属工件进行切削的加工方法称为錾削。錾削是一种粗加工，一般按所划线进行加工，平面度可控制在0.5mm之内。目前，錾削工作主要用于不便于机械加工的场合，如清除毛坯上的多余金属、分割材料，錾削平面及沟槽等。如图4-2-1～图4-2-3所示。

1. 錾削工具

錾削工具主要是錾子和锤子。

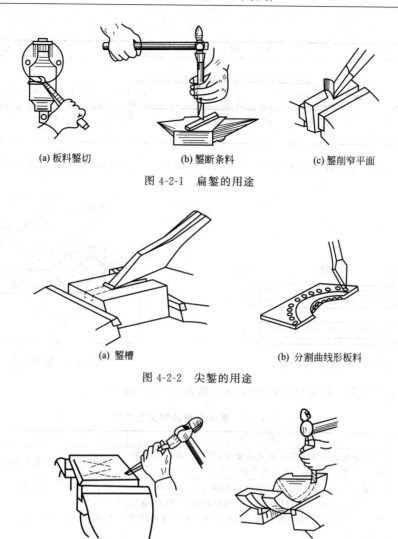

(a) 板料錾切　(b) 錾断条料　(c) 錾削窄平面

图 4-2-1　扁錾的用途

(a) 錾槽　(b) 分割曲线形板料

图 4-2-2　尖錾的用途

(a) 平面錾油槽　(b) 曲面錾油槽

图 4-2-3　油槽錾的用途

（1）錾子　錾子是錾削用的刀具，一般用碳素工具钢（T7A）锻成，它由切削部分、錾身及錾头构成，如图 4-2-4 所示。切削部分刃磨成楔形，经热处理后硬度达到 56～62HRC。錾子种类及用途见表 4-2-1。

表 4-2-1　錾子的种类及用途

名称	图　　例	特点及用途
扁錾	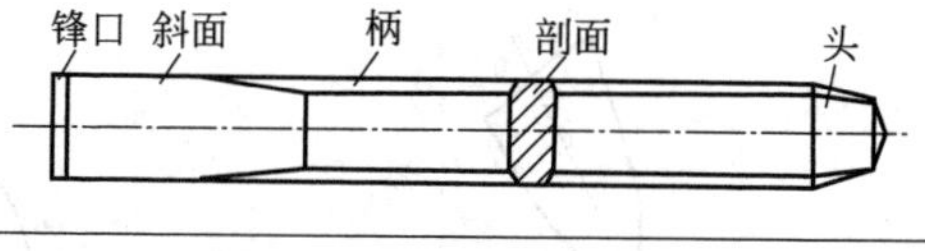 锋口　斜面　柄　剖面　头	切削部分扁平，刃口略带弧形。常用于錾削平面、分割材料及去毛边等
尖錾	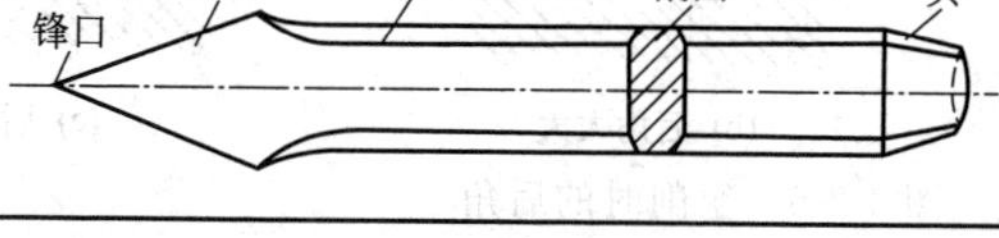 锋口　斜面　柄　剖面　头	切削刃比较短，切削部分的两侧面从切削刃到錾身是逐渐狭小。主要用来錾削沟槽及分割曲线形板料

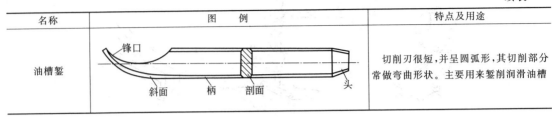

名称	图 例	特点及用途
油槽錾	锋口／斜面／柄／剖面／头	切削刃很短，并呈圆弧形，其切削部分常做弯曲形状。主要用来錾削润滑油槽

錾削时，錾子与工件之间应形成适当的切削角度。图 4-2-5 所示为錾削平面时的情况。

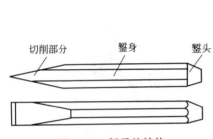

图 4-2-4　錾子的结构

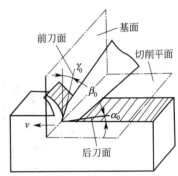

图 4-2-5　錾削角度

錾削角度的定义、作用及大小选择分别见表 4-2-2、表 4-2-3。

表 4-2-2　錾削角度的定义及作用

錾削角度	作　用	定　义
后角 α_0	减少錾子后刀面与切削表面摩擦，使錾子容易切入材料。后角大小取决于錾子被拿握的方向	錾子后刀面与切削平面之间的夹角
前角 γ_0	减小切削变形，使切削轻快。前角越大，切削越省力	錾子前刀面与基面之间的夹角
楔角 β_0	楔角小，錾削省力，但刃口薄弱，容易崩溃；楔角大，錾切费力，錾切表面不易平整。通常根据工作材料软硬选取楔角适当的錾子	錾子前刀面与后刀面之间的夹角

表 4-2-3　选用錾子或使用时对几何角度的考虑

工作材料	楔角	后角	前角
工具钢、铸铁等硬材料	$60°\sim70°$		
结构钢等中等硬度材	$50°\sim60°$	$5°\sim8°$	$\gamma_0 = 90° - (\beta_0 + \alpha_0)$
料钢、铝、锡等软材料	$30°\sim50°$		

角度特点：楔角的大小根据工件材料的软硬由刃磨得到，前角和后角的大小由操作者用手控制錾子的倾斜程度。

錾削时的后角大小对工件的影响，如图 4-2-6 所示。

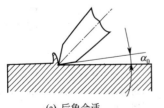
(a) 后角合适

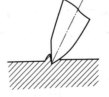
(b) 后角太大

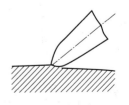
(c) 后角太小

图 4-2-6　錾削时的后角

（2）锤子　锤子是钳工常用的敲击工具，它由锤头、木柄和楔子三部分组成，如图4-2-7所示。

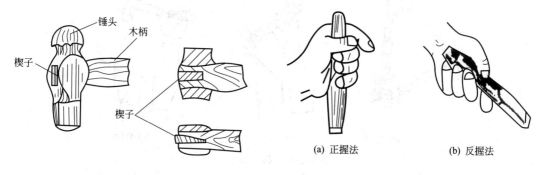

图 4-2-7　锤子

图 4-2-8　錾子握法

锤子的规格用其质量大小表示，钳工常用的有 0.25kg、0.5kg 和 1kg 等几种。锤头用碳素工具钢（T7）制成并经淬硬处理。木柄用硬而不脆的木材制成，如檀木、胡桃木等，其长度根据不同规格的锤头选用。

2. 錾削方法

（1）錾子的握法

① 正握法：手心向下，腕部伸直，用中指、无名指握住錾子，小指自然合拢，食指和大拇指自然伸直地松靠，錾子头部伸出约20mm［见图4-2-8（a）］。

② 反握法：手心向上，手指自然捏住錾子，手掌悬空［见图4-2-8（b）］。

（2）锤子的握法

① 紧握法：右手五指紧握锤柄，大拇指合在食指上，虎口对准锤头方向，木柄尾端露出 15～30mm。在挥锤和锤击过程中，五指始终紧握［见图4-2-9（a）］。

② 松握法：只用大拇指和食指始终握紧锤柄。在挥锤时，小指、无名指和中指则依次放松。在锤击时，又以相反的次序收拢握紧［见图4-2-9（b）］。

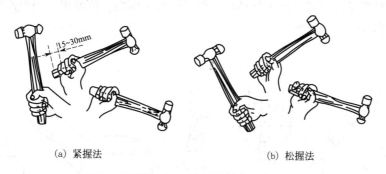

（a）紧握法

（b）松握法

图 4-2-9　锤子的握法

（3）挥锤的方法

① 腕挥［见图4-2-10（a）］：仅挥动手腕进行锤击运动，采用紧握法握锤，腕挥约 50 次/min。用于錾削余量较少及錾削开始或结尾。

② 肘挥［见图4-2-10（b）］：手腕与肘部一起挥动进行锤击运动，采用松握法，肘挥的 40 次/min。用于需要较大力錾削的工件。

③ 臂挥［见图4-2-10（c）］：手腕、肘和全臂一起挥动，其锤击力最大。用于需要大力

錾削的工件。

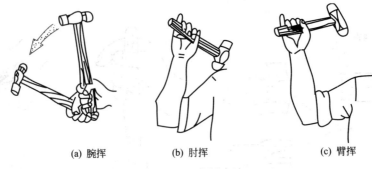

(a) 腕挥   (b) 肘挥   (c) 臂挥

图 4-2-10 挥锤方法

（4）站立姿势 为了充分发挥较大的敲击力量，操作者必须保持正确的站立位置（见图4-2-11）。左脚跨前半步，两腿自然站立，人体重心稍微偏向后方视线要落在工件的切削部分。

（5）锤击要领

① 挥锤：肘收臂提，举锤过肩；手腕后弓，三指微松；锤面朝天，稍停瞬间。

② 锤击：目视錾刃，臂肘齐下；手紧三指，手腕加劲；锤錾一线，锤走弧形；左脚着力，右腿伸直。

③ 要求：稳——节奏40次/min；准——命中率高；狠——锤击有力。

（6）錾削方法

① 錾削平面

a. 起錾方法：起錾应从工件的边缘尖角处轻轻地起錾，将錾子向下倾斜，先錾出一小斜面，然后开始正常錾削，如图4-2-12（a）所示。必须正面起錾时，此时錾子刃口要贴住工件端面，錾子仍向下倾斜，待錾出一小斜面后，再按正常角度錾削，如图4-2-12（b）所示。

图 4-2-11 站立姿势

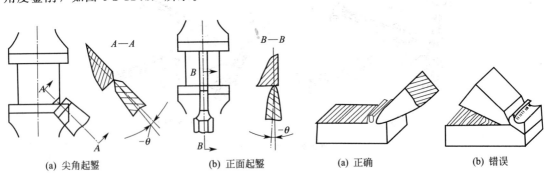

(a) 尖角起錾   (b) 正面起錾   (a) 正确   (b) 错误

图 4-2-12 起錾方法   图 4-2-13 终錾方法

b. 终錾方法：当錾削距尽头10～15mm时，必须调头剪去余下的部分，以防工件边缘崩裂，如图4-2-13所示。

用扁錾每次錾削厚度0.5～2mm。在錾削较窄的平面时，錾子切削刃与錾削前进方向倾斜一个角度（见图4-2-14），使切削刃与工件有较多的接触面，这样錾削过程中易使錾子掌握平稳。在錾削较宽的平面时，一般先用尖錾以适当间隔开出工艺直槽（见图 4-2-15），然后再用扁錾将槽间凸起部分錾平。

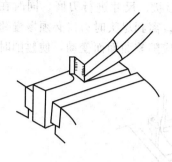

图 4-2-14　錾窄平面

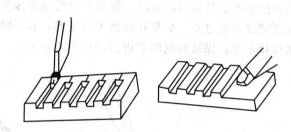

图 4-2-15　錾较宽平面

② 錾削板料

a. 在台虎钳上錾削板料：錾切时，板料按划线与钳口平齐，用扁錾沿着钳口并斜对着板料（约成 45°角）自右向左錾切（见图 4-2-16）。錾子刃口不可正对板料錾切，否则由于板料的弹动和变形，易造成切断处产生不平整或出现裂缝（见图 4-2-17）。

b. 在铁砧上或平板上錾切：对尺寸较大的板料或錾切线有曲线而不能在台虎钳上錾切时，可在铁砧（或旧平板）上进行（见图 4-2-18）。此时，切断用的錾子切削刃应磨成适当的弧形，以使前后錾痕连接齐整 [见图 4-2-19(a)、(b)]。

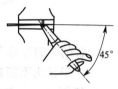

图 4-2-16　在台虎钳上錾切板料

图 4-2-17　不正确的錾切薄料方法

图 4-2-18　在铁砧上錾切板料

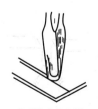   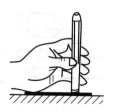

(a) 用圆弧刃錾錾痕易齐整　　(b) 用平刃錾錾痕易错位　　(c) 先倾斜錾切　　　　(d) 后垂直錾切

图 4-2-19　錾切板料方法

c. 錾切直线和曲线：当錾切直线段时，錾子切削刃的宽度可宽些（用扁錾）；錾切曲线时，刃宽应根据其曲率半径大小而定，以使錾痕能与曲线基本一致。錾切时，应由前向后錾，开始时錾子应放斜些，似剪切状，然后逐步放垂直，如图 4-2-19(c)、(d) 所示，依次逐步錾切。

③ 錾油槽　油槽錾的切削部分应根据图样上油槽的断面形状、尺寸进行刃磨。同时在工件需錾削油槽部位划线起錾时，錾子要慢慢地加深尺寸要求，离到尽头时刃口必须慢慢翘起，保证槽底圆滑过渡。如果在曲面上錾油槽，錾子倾斜情况应随着曲面而变动，使錾削时的后角保持不变，保证錾削顺利进行（见图 4-2-20）。

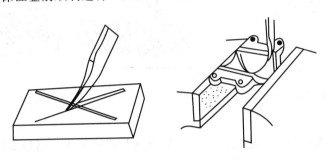

(a) 在平面上錾削油槽　　　　　(b) 在曲面上錾削油槽

图 4-2-20　錾削油槽

3. 錾削时的注意事项

① 手锤锤头不能松动，如果松动，要及时紧固。

② 錾削的工位前需安装防护网，以防飞屑伤人。

③ 錾削时，握锤的手不能戴手套，有汗或油污应擦净。

④ 錾削时，注意周围人的安全。

⑤ 錾子的顶部出现翻边时，应及时磨掉，以防扎手。

二、锯削

用手锯对材料或工件进行切断或切槽等的加工方法，图 4-2-21 所示为锯削的应用。锯削的尺寸精度可达 0.2mm。

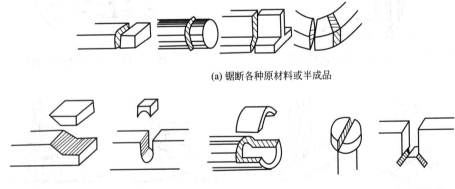

(a) 锯断各种原材料或半成品

(b) 锯掉工件上多余部分　　　　　　　　　(c) 在工件上锯沟槽

图 4-2-21　锯削的应用

1. 手锯的组成

手锯由锯弓和锯条两部分组成。锯弓用于安装和张紧锯条，有固定式和可调式两种。如图 4-2-22 所示。

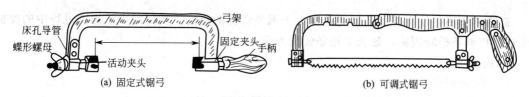

图 4-2-22　锯弓形式

锯条一般用渗碳软钢冷轧而成，经热处理淬硬，锯削时起切削作用。

2. 锯条的规格

（1）长度规格：以两端安装孔中心距来表示，常用的锯条长度为 300mm。

（2）锯条的粗细规格：以锯条每 25mm 长度内的齿数表示。一般分粗、中、细三种，其规格及应用见表 4-2-4。

表 4-2-4　锯齿的粗细规格及应用

类别	每 25mm 长度内的齿数/个	应　用
粗	14～18	锯削软钢、黄铜、铸铁、紫铜、人造胶质材料
中	22～24	锯削中等硬度钢、厚壁的钢管、钢管
细	32	薄片金属、薄壁管子
细变中	32～20	一般工厂中用，易于起锯

注意：锯削工件时，截面上至少要有两个以上的锯齿同时参加锯削，才能避免锯齿被钩住而崩断的现象。

3. 锯条的安装（见图 4-2-23）

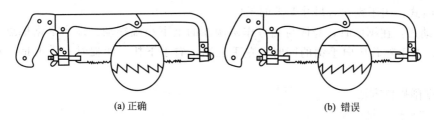

(a) 正确　　　　　　　　(b) 错误

图 4-2-23　锯条的安装

4. 锯齿的切削角度

锯条的切削部分由许多按齿距均匀分布的锯齿组成，每个齿都有切削作用，如图 4-2-24 所示。其中前角为 $0°$，后角为 $40°$，楔角为 $50°$。

5. 锯路

在制造锯条时，使锯齿按一定的规律左右错开，排列成一定的形状，称为锯路。锯路有交叉形和波浪形等，如图 4-2-25 所示。

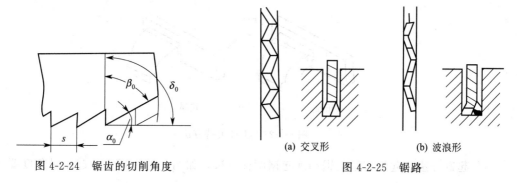

图 4-2-24　锯齿的切削角度

(a) 交叉形　　　　　　(b) 波浪形

图 4-2-25　锯路

锯路的作用是使工件上的锯缝宽度大于锯条背部的厚度，从而减少了锯削过程中的摩擦"夹锯"和锯条折断现象，延长了锯条使用寿命。

6. 锯削方法

（1）锯削姿势

① 手锯握法：右手满握锯柄，左手轻扶锯弓前端，见图4-2-26。

② 站立姿势：锯削的站立位置与錾削基本相似，见图4-2-27。

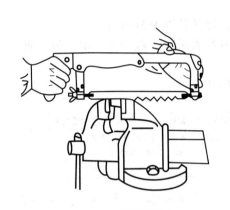

图 4-2-26　手锯削握法

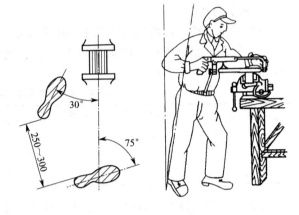

图 4-2-27　站立姿势

③ 锯削运动

a. 直线式：用于锯削有尺寸要求的工件。

b. 摆动式：在锯削时，身体与锯弓作协调性的上下小幅摆动。即当手锯推进时，身体略向前倾，双手随着压向手锯的同时，左手上翘，右手下托，回程时右手上抬，左手自然跟回。

（2）锯削操作方法

① 工件夹持，见图4-2-28。

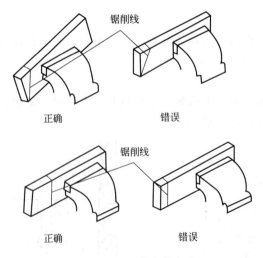

图 4-2-28　工件夹持方法

② 起锯方法：起锯有近起锯和远起锯两种方法，如图4-2-29所示。起锯时角度要小些，

一般不大于 15°。起锯要求：起锯时，压力要小，速度要慢；可用手指引锯以防锯条在工件表面打滑。

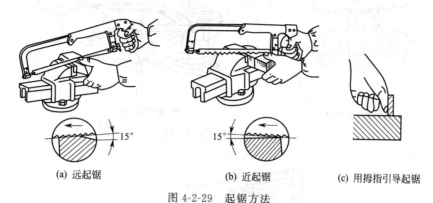

(a) 远起锯　　　　　　　(b) 近起锯　　　　　　　(c) 用拇指引导起锯

图 4-2-29　起锯方法

③ 锯削速度和压力

a. 锯削速度以每分钟 40 次左右为宜，锯削软材料可快些；硬材料可慢些。

b. 锯削时应尽量利用锯条的全长，一次往复的距离不小于锯条全长的 2/3。

c. 锯削硬材料压力可大些，否则锯齿不易切入，造成打滑；锯削软材料，压力要稍小些，否则锯齿切入过深会发生咬住现象。当工件快锯断时，推锯压力要轻，速度要慢，行程要短，并尽可能扶住工件即将掉落下来的部分。

d. 锯削时，如发生锯齿崩裂现象，应立即停锯，取出锯条，将锯齿后的二、三个齿磨斜即可继续使用。

（3）常见材料的锯割方法

① 棒料的锯削：锯削断面要求平整的，应从起锯开始连续锯到结束。若锯削断面要求不高时，可将棒料转过一定角度再锯，则由于锯削面变小而易锯人，可提高工作效率。

② 管子的锯削：薄壁管子用 V 形木垫夹持［见图 4-2-30(a)］，以防夹扁和夹坏管表面。管子锯削时要在锯透管壁时向前转一个角度再锯、否则容易造成锯齿的崩断。

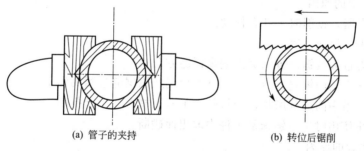

(a) 管子的夹持　　　　　　　　　　(b) 转位后锯削

图 4-2-30　管子的锯削

③ 板料锯削：板料锯缝一般较长，工件装夹要有利于锯削操作。

a. 薄板料的锯削（见图 4-2-31）：将薄板材夹持在两木块之间，以增加刚性。锯削时，连同木板一起锯开或手锯作横向锯削。

b. 深缝锯削（见图 4-2-32）：当锯缝深度超过锯弓高度时，应将锯条转过 90°重新安装，使锯弓转到工件的旁边；当锯弓横下来其高度仍不够时，也可把锯条安装成使锯齿向锯内的方向锯削。

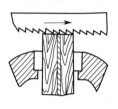

(a) 锯条运动的方向

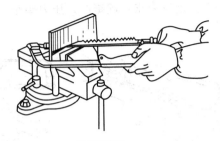

(b) 锯削的姿势

图 4-2-31　薄板料的锯削

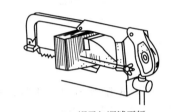

(a) 锯弓与深缝平行

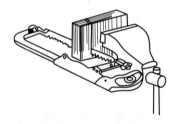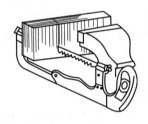

(b) 锯弓与深缝垂直　　　　　　　　　(c) 反向锯削

图 4-2-32　深缝锯削

7. 锯割时容易出现的问题及解决办法

（1）锯条折断的原因

① 工件未夹紧，锯削时工件有松动。

② 锯条装得过松或过紧。

③ 锯削压力过大或锯削方向突然偏离锯缝方向。

④ 强行纠正歪斜的锯缝，或调换新锯条后仍在原锯缝过猛的锯下。

⑤ 锯削时锯条中间局部磨损，当拉长锯削时而被卡住引起折断。

⑥ 中途停止使用时，手锯未从工件中取出而碰断。

（2）锯齿崩裂的原因

① 锯条选择不当，如锯薄板料、管子时用粗齿。

② 起锯时起锯角太大。

③ 锯削运动突然摆动过大以及锯齿有过猛的撞击。当锯条局部几个齿迸裂后，应及时在砂轮机上进行修整，即将相邻的 2 至 3 齿磨低成凹圆弧，并把已断的齿根磨光。如不及时处理，会使崩裂齿的后面各齿相继崩裂。

（3）锯缝产生歪斜的原因

① 工件安装时，锯缝线未能与铅垂线方向一致。

② 锯条安装太松或相对锯弓平面扭曲。

③ 使用锯齿两面磨损不均匀的锯条。

④ 锯削压力过大使锯条左右偏摆。

⑤ 锯弓未扶正或用力歪斜，使锯条背偏离锯缝中心平面，而斜靠在锯削断面的一侧。

【任务实施】

    任务名称：锯削直角块

    任务要求：锯条安装合理、锯削姿势正确，按图 4-2-33 要求锯削。

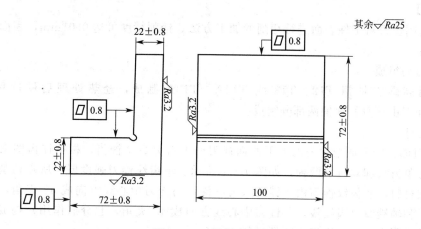

图 4-2-33 锯削直角块

任务器材：划针、样冲、锯弓、锯条、钢直尺，材料尺寸：100mm×75mm×75mm。

操作步骤：

（1）检查来料尺寸。

（2）按图样要求，划两处 72mm、22mm 尺寸的锯削加工线。

（3）按所划加工线，依次锯削加工，保证 72mm、22 mm 的尺寸精度。用钢板尺检测各平面度达到 0.80mm。

（4）复检，去毛刺。

注意事项：

（1）锯削时两手运锯速度要适当。锯条安装松紧适度，以免锯条折断崩出伤人。

（2）锯断工件时，防止工件落下而砸伤脚。

（3）锯削时切削行程不宜过短，往复长度应不小于锯条全长的 2/3。

成绩评定：见表 4-2-5。

表 4-2-5 成绩评定

工件号		座号		姓名		学号		总得分	
项目	质量检测内容			配分	评分标准		实测结果		得分
锯削	(22±0.8)mm			24 分	超差不得分				
	(72±0.8)mm			24 分	超差不得分				
	平面度≤0.8mm			24 分	超差不得分				
	锯削姿势正确			12 分	目测				
	表面粗糙度 Ra25μm			6 分	升高一级不得分				
安全文明生产				10 分	违者不得分				
现场记录：									

项目三 锉 削

【任务要求】

通过本项目的学习和训练，掌握锉削的姿势及动作要领，并达到一定的精度；能运用所学知识制作长方体工件并使用相关量具，准确测量工件；懂得工具的保养和做到安全文明生产操作。

【知识内容】

锉削是用锉刀对工件表面进行切削的加工方法。锉削精度可达 0.01mm，表面粗糙度可达 $Ra0.8\mu m$。

1. 锉刀的组成

锉刀用高碳工具钢 T12、T13 或 T12A、T13A 制成，经热处理后硬度可达 62～72HRC。锉刀由锉身和锉柄两部分组成。

（1）锉身

① 锉刀面：锉刀面指锉刀的上下两面锉刀面上有无数个锉齿，根据锉齿图案的排列方式，锉刀有单齿纹和双齿纹两种，如图 4-3-1 所示。单齿纹锉刀强度弱、所需切削力大，适用于锉削软材料，双齿纹锉刀由主锉纹（齿纹深，与锉刀中心线方向成 65°夹角，起主要的切削作用）和辅锉纹（齿纹浅，与锉刀中心线方向成 45°夹角，起分屑作用）构成，锉刀强度高、所需切削力小，适用于锉削硬材料。

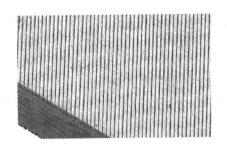

(a) 单齿纹　　　　　　　　　　　　　(b) 双齿纹

图 4-3-1　锉刀齿纹

② 锉刀边：锉刀边是锉刀的两个侧面，有的锉刀一面有齿纹，有的锉刀两面都有齿纹。

③ 锉刀尾：锉刀尾是锉身末端没有齿纹的地方，用于打印钢记。

④ 锉刀舌：用于安装锉柄。

（2）锉柄　锉柄是安装到锉刀舌上的手柄。安装锉柄时应检查锉柄上是否有锉刀箍，以免锉削过程中锉柄突然开裂产生安全事故。

2. 锉刀的种类

按用途不同，锉刀可分为钳工锉、异形锉和整形锉 3 类。

（1）钳工锉　应用广泛，按其断形状不同分为：平锉、方锉、三角锉、半圆锉和圆锉 5 种。如图 4-3-2 所示。

（2）异形锉　用来锉削工件上的特殊表面，有弯的和直的两种，如图 4-3-3 所示。

（3）整形锉　主要用于修整工件上的细小部分。通常以多把不同断面形状的锉刀组成一组，如图 4-3-4 所示。

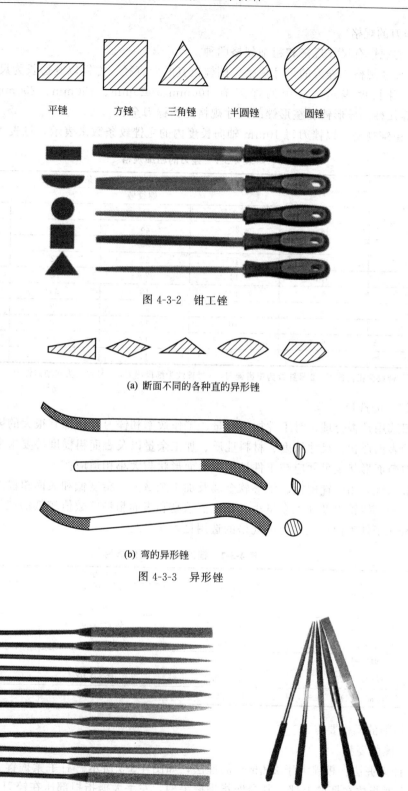

平锉　　方锉　　三角锉　　半圆锉　　圆锉

图 4-3-2　钳工锉

(a) 断面不同的各种直的异形锉

(b) 弯的异形锉

图 4-3-3　异形锉

(a) 十二把为一组

(b) 五把为一组

图 4-3-4　整形锉

3. 锉刀的规格

锉刀的规格有尺寸规格和粗细规格两种。

（1）尺寸规格　锉刀的尺寸规格，圆锉以其断面直径、方锉以其边长为尺寸规格，其他锉刀以锉身长度表示。常用的锉刀有 100mm、125mm、150mm、200mm、250mm 和 300mm 等几种。异形锉和整形锉的尺寸规格是指锉刀全长。

（2）粗细规格　以锉刀每 10mm 轴向长度内的主锉纹条数来表示，见表 4-3-1。

表 4-3-1　锉刀的粗细规格

长度规格 /mm	锉板条数(10mm 以内)/条				
	螺纹号				
	1	2	3	4	5
100	14	20	28	40	56
125	12	18	25	36	50
150	11	16	22	32	45
200	10	14	20	28	40
250	9	12	18	25	36
300	8	11	16	22	32
350	7	10	14	20	—
400	6	9	12	—	—
450	5.5	8	11	—	—

注：1 号锉纹为粗齿锉刀，2 号锉纹为中齿锉刀，3 号锉纹为细齿锉刀，4 号锉纹为双细齿锉刀，5 号锉纹为油光锉。

4. 锉刀的选择

锉刀选用是否合理，对工件加工质量、工作效率和锉刀寿命都有很大的影响。通常应根据工件的表面形状、尺寸精度、材料性质、加工余量以及表面粗糙度等要求来选用。

锉刀断面形状及尺寸应与工件被加工表面形状与大小相适应。

一般粗锉刀用于锉削铜、铝等软金属及加工余量大、精度低和表面粗糙的工件；细锉刀用于锉削钢、铸铁以及加工余量小、精度要求高和表面粗糙度数值较低的工件；油光锉则用于最后修光工件表面。锉刀粗细规格的选用见表 4-3-2。

表 4-3-2　锉刀粗细规格的选用

粗细规格	通用场合		
	锉削余量 /mm	尺寸精度 /mm	表面粗糙度 $Ra/\mu m$
1 号(粗齿锉刀)	0.5～1	0.2～0.5	100～25
2 号(中齿锉刀)	0.2～0.5	0.05～0.2	25～6.3
3 号(细齿锉刀)	0.1～0.3	0.02～0.05	12.5～3.2
4 号(双细齿锉刀)	0.1～0.2	0.01～0.02	6.3～1.6
5 号(油光锉)	0.1 以下	0.01	1.6～0.8

5. 锉削的操作要点

（1）锉削姿势

① 锉刀握法：板锉大于 250mm 的握法，如图 4-3-5 所示。右手紧握锉刀柄，柄端顶住掌心，大拇指放在柄的上部，其余四指满握手柄，左手大拇指根部压在锉刀头上，中指和无名指捏住前端，食指、小指自然收拢，以协同右手使铁刀保持平衡。

② 姿势动作：锉削时站立要自然，身体重心要落在左脚上；右膝伸直，左膝部呈弯曲状态，并随锉刀的往复运动而屈伸（见图 4-3-6）。

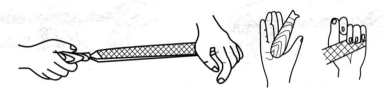

图 4-3-5　较大锉刀的握法

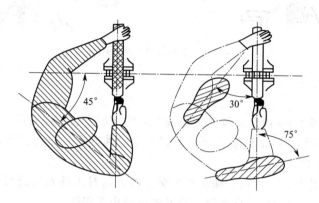

图 4-3-6　锉削时的站立步位和姿势

③ 锉削动作

a. 开始时，身体向前倾斜 10°左右，右肘尽量向后收缩，如图 4-3-7（a）所示。

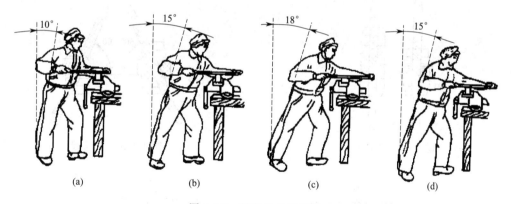

　　(a)　　　　　　　(b)　　　　　　　(c)　　　　　　　(d)

图 4-3-7　锉削动作及姿势

b. 锉刀长度推进 1/3 行程时，身体前倾 15°左右，左膝稍有弯曲，如图 4-3-7（b）所示。

c. 锉至 2/3 时，身体前倾至 18°左右，如图 4-3-7（c）所示。

d. 锉最后 1/3 行程时，右肘继续推进锉刀，但身体则须自然地退回至 15°左右，如图 4-3-7（d）所示。

e. 锉削行程结束时，手和身体恢复到原来姿势，同时将锉刀略微提起退回。

（2）锉削力和锉削速度

① 锉削力：要锉出平直的平面，必须使锉刀保持平直的锉削运动。为此，锉削时应以工件作为支点，掌握两端力的平衡，即右手的压力要随锉刀推动而逐渐增加，左手的压力要随锉刀推动而逐渐减小（见图 4-3-8）。回程时不加压力，以减少锉齿的磨损。

② 速度：锉削速度一般约 40 次/min。推出时稍慢，回程时稍快，动作要自然协调。

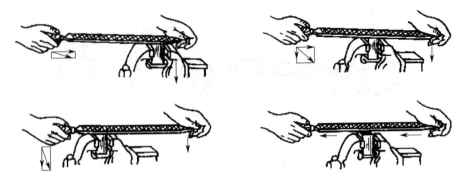

图 4-3-8　锉平面时的两手用力

6. 锉削的基本方法

（1）平面锉削

① 顺向锉：如图 4-3-9 所示，顺向锉是最普通的锉削方法。锉刀运动方向与工件夹持方向始终一致，面积不大的平面和最后锉光大都采用这种方法。顺向锉可得到整齐一致的锉痕，比较美观，精锉时常常采用。

② 交叉锉：如图 4-3-10 所示，即从两个交叉的方向对工件表面进行锉削的方法。锉刀与工件接触面积大，锉刀容易掌握平稳。交叉锉一般用于粗锉。

锉平面时，无论是顺向锉还是交叉锉，为了使整个加工面都能均匀地锉到，一般在每次抽回锉刀时，依次在横向上适当移动（见图 4-3-11）。

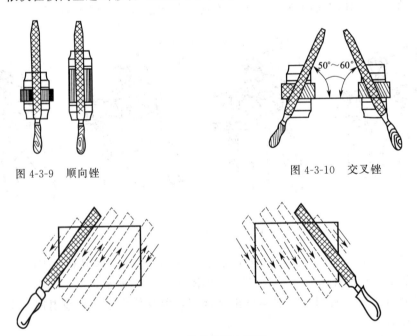

图 4-3-9　顺向锉　　　　　　　　　　图 4-3-10　交叉锉

图 4-3-11　锉刀的横向移动

③ 推锉法：如图 4-3-12 所示，即两手对称横握锉刀，用大拇指推动锉刀顺着工件长度方向进行锉削的方法。其锉削效率低，适用于加工余量较小和修正尺寸时采用。

④ 平面锉削平面度的检验：通常利用刀口形直尺（或钢直尺）采用透光法来检验（见图 4-3-13），用刀口形直尺在加工面的纵向、横向和对角线方向逐一进行检查，以透过光线的均匀度及强弱来判断加工面是否平直。平面度误差值可用塞尺来检查确定。

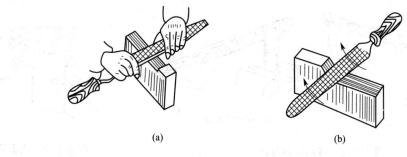

(a)　　　　　　　　　　　　(b)

图 4-3-12　推锉法

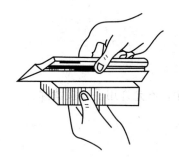
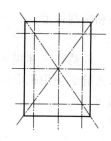
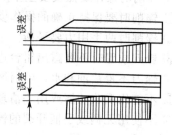

图 4-3-13　平面度的检验

（2）曲面锉削

① 外圆弧面的锉削方法

a. 顺着圆弧面锉削：如图 4-3-14（a）所示，右手握锉刀柄往下压，左手自然将锉刀前端向上抬。这样锉出的圆弧面光洁圆滑，但锉削效率不高，适用于圆弧面的精加工。

b. 对着圆弧面锉削：如图 4-3-14（b）所示，锉刀向着图示方向直线推进，能较快地锉成接近圆弧但多棱的形状，最后需精锉光洁圆滑，适用于圆弧面的粗加工。

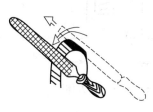
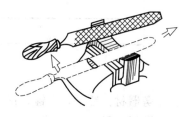

(a) 顺着圆弧面锉削　　　(b) 对着圆弧面锉削

图 4-3-14　外圆弧面锉削　　　　　　　图 4-3-15　内圆弧面锉削方法

② 内圆弧面锉削方法：如图 4-3-15 所示，采用圆锉、半圆锉。锉削时锉刀要同时完成三个运动：前进运动、顺圆弧面向左或向右移动、绕锉刀中心线转动，才能使内圆弧面光滑、准确。

③ 球面锉削方法：球面锉削是顺向锉与横向锉同时进行的一种锉削方式（见图 4-3-16）。

④ 曲面轮廓度检查方法：在进行曲面锉削练习时，曲面轮廓度精度可用半径样板的透光方法进行检查（见图 4-3-17）。

(a) 顺向锉运动　　　　　　(b) 横向锉运动

图 4-3-16　球面锉削方法　　　　　　图 4-3-17　曲面轮
廓度检查方法

7. 锉削的操作要点及安全生产

① 锉削时要保持正确的操作姿势和锉削速度。

② 锉削时两手用力要平衡。

③ 锉刀放置时不要露出钳台边外，以防伤人和损坏。

④ 锉刀不得沾油和水，锉屑嵌入齿缝必须用钢刷清除，不允许用手直接清除。

⑤ 不能用嘴吹切屑或用手清理切屑。

⑥ 不使用无柄或手柄开裂的锉刀。

【任务实施】

任务名称：长方体工件的制作

任务要求：掌握正确錾削、锯削、锉削姿势；提高平面锉削技能；正确使用量具。按图 4-3-18 要求锉削长方体。

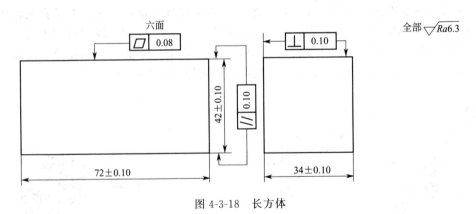

图 4-3-18　长方体

任务器材：錾子，手锤、锯弓、锯条、平锉、钢直尺、刀口形直尺、90°角尺、游标高度尺、游标卡尺。

操作步骤：

（1）检查来料尺寸。

（2）按图样要求，划 73mm、43mm 尺寸和 35mm、43mm 的锯削加工线。

（3）按所划加工线，依次锯削加工，保证 73mm、43mm 和 35mm、43mm 的尺寸精度。用钢板尺检测各平面度达到 0.8mm。

（4）根据毛坯材料选择第一加工面，即基准 A。粗錾后精錾，达到錾纹整齐，并用钢板尺检查錾削面，直至达到平面度 0.6mm 要求后，即可作为六面体的加工基准面。

（5）按照图样要求划线、錾削。按各面的编号顺序依次錾削，达到技术要求。

（6）复检，修整。

（7）选择最大的平面作为基准面进行粗、精锉削，同时检查平面度。符合技术要求后即可作为六面体的加工基准面。

（8）按长方体各面的编号顺序划线，依次对各面进行粗、精锉加工，用刀口形直尺、90°角尺、游标卡尺等测量控制平面度、垂直度和尺寸精度，直至符合技术要求为止。

（9）复检、去毛刺。

注意事项：

（1）工件夹紧时伸出钳口高度一般以 10～15mm 为宜。同时下面加木垫块，台虎钳加软钳口保护工件。

（2）一次錾削量不宜过大，錾子后角要适宜。

（3）錾削大平面须开槽。

（4）养成正确的锉削姿势，要求协调、自然。

（5）锉削六面体各表面时，要先选择最大平面作为锉削基准面。按照"先锉平行面，后锉垂直面"的原则，才能减少积累误差，达到规定尺寸和相对位置精度的要求。

（6）在检查垂直度时，注意尺座紧贴基准面，从上向下移动，压力不宜太大，否则易造成尺座离开工件基准面，导致测量不准确。

成绩评定：见表 4-3-3。

表 4-3-3　成绩评定

工件号		座号		姓名		学号		总得分	
项目		质量检测内容		配分		评分标准		实测结果	得分
锉削		(72±0.10)mm		10 分		超差不得分			
		(34±0.10)mm		10 分		超差不得分			
		(42±0.10)mm		10 分		超差不得分			
		平面度≤0.08mm		18 分		超差不得分			
		垂直度≤0.10mm		24 分		超差不得分			
		平行度≤0.10mm		8 分		超差不得分			
		锉削姿势正确		10 分		目测			
安全文明生产				10 分		违者不得分			
现场记录：									

项目四　孔加工和螺纹加工

【任务要求】

通过本项目的学习和训练，掌握孔加工的方法和相关基本知识，并能够正确分析孔加工出现的问题及产生的原因和解决方法；掌握螺纹加工的方法和相关工艺计算，熟悉丝锥折断和攻套螺纹中常见问题产生原因和防止方法。

【知识内容】

钳工加工孔的方法主要有两类：一类是用麻花钻等在实体材料上加工出孔；另一类是用扩孔钻、锪钻和铰刀等对工件上已有孔类进行再加工。

一、孔加工

1. 钻孔

用钻头在实体材料上加工孔的方法，称为钻孔，如图 4-4-1 所示。钳工钻孔时常在各类钻床上进行。

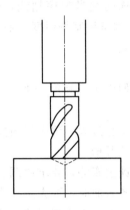

图 4-4-1　钻孔

钻孔时钻头是在半封闭状态下进行切削，转速高，切削量大，切屑排出困难，冷却润滑条件较差，一般钻头结构上也存在一些缺陷。钻削加工有如下特点。

① 摩擦严重，需要较大的钻削力。

② 散热条件差且产生的热量多，切削温度较高。

③ 钻孔时的主运动速度较高和较高的切削温度，导致钻头的磨损严重。

④ 加工过程中的挤压和摩擦，容易产生"冷作硬化现象"使孔壁的硬度增加，给下道工序增加了加工困难。

⑤ 钻头细而长，钻孔时容易产生振动。

⑥ 加工精度低，尺寸精度可达到 IT11～IT10，粗糙度可达到 $Ra100\sim25\mu m$。

（1）钻头　钻头的种类较多，如麻花钻、扁钻、深孔钻、中心钻等。其中麻花钻是目前孔加工中应用最广泛的刀具。它主要用来在实体材料上钻削直径为 0.1～80mm 的孔。

① 麻花钻的组成：麻花钻一般用高速钢（W18Cr4V 或 W9Cr4V2）制成，淬火后硬可达 62～68HRC。它由柄部、颈部及工作部分组成，如图 4-4-2 所示。

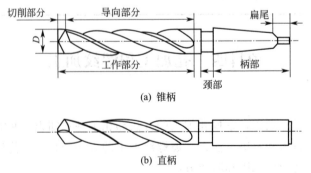

(a) 锥柄

(b) 直柄

图 4-4-2　麻花钻的组成部分

a. 柄部：柄部是钻头的夹持部分。用以定心和传递动力，有锥柄和直柄两种。一般直径小于 13mm 的钻头做成直柄；直径大于 13mm 的做成锥柄，具体规格见表 4-4-1。

表 4-4-1　莫氏锥柄的大端直径及钻头直径

莫氏锥柄号	1	2	3	4	5	6
大端直径 d_1/mm	12.240	17.980	24.051	31.542	44.731	63.760
钻头直径 d_0/mm	15.5 及以下	15.6～23.5	23.6～32.5	23.6～49.5	49.6～65	65～80

b. 颈部：颈部在磨制钻头时作退刀槽使用，通常钻头的规格、材料和商标也打印在此处。

c. 工作部分：麻花钻的工作部分由切削部分和导向部分组成。

麻花钻的切削部分有两个刀瓣，主要起切削作用。标准麻花钻的切削部分由五刃（两条主切削刃、两条副切削刃和一条横刃）、六面（两个前刀面、两个后刀面和两个副后刀面）组成，如图 4-4-3 所示。

麻花钻的导向部分用来保持麻花钻钻孔时的正确方向并修光孔壁，还可作为切削部分的后备。两条螺旋槽的作用是形成切削刃，便于容屑、排屑和切削液输入。外缘处的两条棱带，其直径略有倒锥 [(0.05～0.1mm)/100mm] 用以导向和减少钻头与孔壁的摩擦。

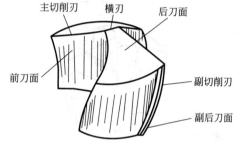

图 4-4-3　麻花钻切削部分的构成

② 标准麻花钻的切削角度

a. 确定麻花钻切削角度的辅助平面：为了确定麻花钻的切削角度，需要引进几个辅助平面：基面、切削平面、正交平面（此三者互相垂直）和柱剖面。

（a）基面：麻花钻主切削刃上任一点的基面是通过该点且垂直于该点切削速度方向的平面，实际上是通过该点与钻心连线的径向平面。由于麻花钻两主切削刃不通过钻心，所以主切削刃上各点的基面也就不同，如图 4-4-4 所示。

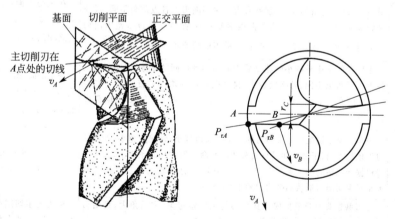

图 4-4-4　钻头切削刃各点辅助平面

从定义和图 4-4-4 中可以得出两个结论：基面过轴心线和各点基面不同。

（b）切削平面：麻花钻主切削刃上任一点的切削平面是由该点的切削速度方向与该点切削刃的切线所构成的平面。标准麻花钻主切削刃为直线，其切线就是钻刃本身。切削平面即为该点切削速度与钻刃构成的平面。

（c）正交平面：通过主切削刃上任一点并垂直于基面和切削平面的平面。

（d）柱剖面：通过主切削刃上任一点作与麻花钻轴线平行的直线，该直线绕麻花钻轴线旋转所形成的圆柱面的切面，如图 4-4-5 所示。

b. 标准麻花钻的切削角度：标准麻花钻的切削角度如图 4-4-6 所示。

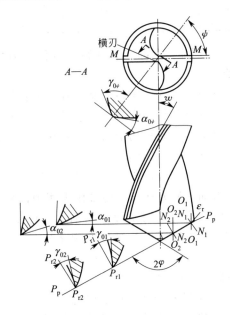

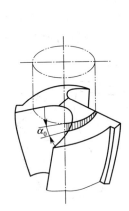

图 4-4-5　柱剖面　　　　　　　图 4-4-6　标准麻花钻的切削角度

标准麻花钻各切削角度的定义、作用及特点见表 4-4-2。

表 4-4-2　标准麻花钻切削角度作用及特点

切削角度	作用及特点	定义
前角 γ_0	前角大小决定着切除材料的难易程度和切屑与前刀面上产生摩擦阻力的大小，前角越大，切削越省力。主切削刃上各点前角不同；近外缘处最大，可达 $\gamma_0 = 30°$；自外向内逐渐减小，在钻心至 $D/3$ 范围内为负值；横刃处 $\gamma_0 = -54° \sim 60°$；接近横刃处的前角 $\gamma_0 = -30°$	在正交平面（图 4-4-6 中 $N_1 - N_1$ 或 $N_2 - N_2$）内，前刀面与基面之间的夹角
主后角 α_0	主后角的作用是减小麻花钻后刀面与切削面间的摩擦，主切削刃上各点主后角也不同；外缘处较小，自外向内逐渐增大。直径 $D = 15 \sim 30mm$ 的麻花钻，外缘处 $\alpha_0 = 9° \sim 12°$；钻心处 $\alpha_0 = 20° \sim 26°$；横刃处 $\alpha_0 = 30° \sim 60°$	在主剖面（图中 4-4-6 中 $O_1 - O_1$ 或 $O_2 - O_2$）内，后刀面与切削平面之间的夹角
顶角 2φ	顶角影响主切削刃上轴向力的大小。顶角越小，轴向力越小，外缘处刀尖角越大，利于散热和提高钻头使用寿命。但在相同条件下，大小一般根据麻花钻的加工条件而定。标准麻花钻的顶角 $2\varphi = 118° \pm 2°$，其大小对主切削刃形状的影响如图 4-4-7 所示	两条主切削刃在其平行平面 $M-M$ 上的投影之间的夹角
横刃斜角 ψ	在刃磨钻头时自然形成。其大小与主后角有关，主后角大，则横刃斜角小，横刃较长。标准麻花钻 $\psi = 50° \sim 55°$	横刃与主切削刃在钻头端面内的投影之间的夹角

③ 标准麻花钻的缺点

a. 横刃较长，横刃处前角为负值。切削中，横刃处于挤刮状态，产生很大轴向力，钻头易抖动，导致不易定心。

b. 主切削刃上各点的前角大小不一样，致使各点切削性能不同。由于靠近钻心处的前角是负值，切削为挤刮状态，切削性能差，产生热量大，钻头磨损严重。

c. 棱边处的副后角为零。靠近切削部分的棱边与孔壁的摩擦比较严重，易发热磨损。

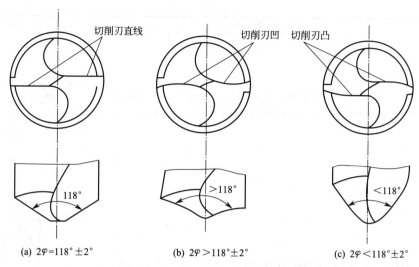

图 4-4-7　顶角对主切削刃形状的影响

d. 主切削刃外缘处的刀尖角 ε_r（如图 4-4-6 中主切削刃与副切削刃在中剖面 M-M 的投影之间的夹角）较小，前角很大，刀齿薄弱，而此处的切削速度最高，故产生的切削热最多，磨损极为严重。

e. 主切削刃长且全部参与切削。增大了切屑变形，排屑困难。

④ 标准麻花钻的修磨：为改善标准麻花钻的切削性能，提高钻削效率和延长刀具寿命，通常要对其切削部分进行修磨。刃磨钻头常在砂轮机上进行，砂轮的粒度为 46 号～80 号，硬度为中等。一般是按钻孔的具体要求，有选择地对麻花钻进行修磨，见表 4-4-3。

表 4-4-3　标准麻花钻的修磨

修磨措施	修磨要求及效果	图　示
磨短横刃并增大靠近钻心处的前角	这是最基本的修磨方式。修磨后横刃的长度"b"为原来的 1/5～1/3，以减小轴向抗力和挤刮现象，提高钻头的定心作用和切削的稳定性。同时在靠近钻心处形成内刃，内刃斜角 τ＝20°～30°，内刃处前角 γ_τ＝0°～−15°，切削性能得以改善。一般直径在 5mm 以上的麻花钻均须修磨横刃	
修磨主切削刃	主要是磨出第二顶角 $2\varphi_0$（70°～75°）。在麻花钻外缘处磨出过渡刃（f_0＝0.2D）以增大外缘处的刀尖角，改善散热条件，增加刀齿强度，提高切削刃与棱边交角处的耐磨性，延长钻头寿命，减少孔壁的残留面积，有利于减小孔的粗糙度	

修磨措施	修磨要求及效果	图　示
修磨棱边	在靠近主切削刃的一段棱边上，磨出副后角 $\alpha_{01}=6°\sim8°$，并保留棱边宽度为原来的 $1/3\sim1/2$，以减少对孔壁的摩擦，延长钻头寿命	
修磨前刀面	修磨外缘处前刀面，可以减小此处的前角，提高刀齿的强度，钻削黄铜时可以避免"扎刀"现象	
修磨分屑槽	在后刀面或前刀面上磨出几条相互错开的分屑槽，使切屑变窄以利排屑。直径大于 15mm 的钻头都可磨出分屑槽	

（2）钻削用量及其选择

① 钻削用量：钻削用量是指在钻削过程中，切削速度、进给量和切削深度的总称。如图 4-4-8 所示。

a. 钻削时的切削速度（v）：指钻孔时钻头直径上一点的线速度。可由下式计算：

$$v=\frac{\pi \cdot D \cdot n}{1000}$$

式中　v——切削速度，m/min；

　　　D——钻头直径，mm；

　　　n——钻床主轴转速，r/min。

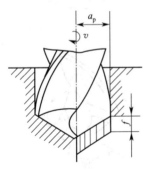

图 4-4-8　钻削用量

b. 钻削时的进给量（f）：指主轴每转一周，钻头对工件沿主轴轴线的相对移动量，单位是 mm/r。

c. 切削深度（a_p）：已加工表面与待加工表面之间的垂直距离。钻削时，$a_p = D/2$。

② 钻削用量的选择原则：钻孔时由于切削深度已由钻头直径所定，所以只需选择切削速度和进给量。对钻孔生产率的影响，切削速度 v 比进给量 f 大；对孔的表面粗糙度的影响，进给量 f 比切削速度 v 大。综合以上的影响因素，钻削用量的选用原则是：在允许范围内，尽量先选较大的进给量，当进给量受到表面粗糙度和钻头刚度的限制时，再考虑选较大的切削速度。

③ 钻削用量的选择方法

a. 切削深度的选择：直径小于 30mm 的孔一次钻出，达到规定要求的孔径和孔深；直径为 30～80mm 的孔可分两次钻削，先用 $(0.5～0.7)D$（D 为要求的孔径）的钻头钻底孔，然后用直径为 D 的钻头将孔扩大至要求尺寸。这样可以提高钻孔质量，减少轴向力，保护机床和刀具等。

b. 进给量的选择：当孔的尺寸精度、表面粗糙度要求较高时，应选较小的进给量；当钻小孔、深孔时，钻头细而长，强度低，刚度差，钻头易扭断，应选较小的进给量。

c. 钻削速度的选择：当钻头的直径和进给量确定后，钻削速度应按钻头的寿命选取合理的数值，一般根据经验选取。孔深较大时，应取较小的钻削速度。

具体选择钻削用量时，应根据钻头直径、钻头材料、工件材料、加工精度及表面粗糙度等方面的要求选取。

（3）钻孔用切削液　钻孔一般属于粗加工，钻削过程中，钻头处于半封闭状态下工作，摩擦严重，散热困难。注入切削液是为了延长钻头寿命和提高切削性能，因此应以冷却为主。

钻孔时由于加工材料和加工要求不一所用切削液的种类和作用也不一样。钻孔用切削液见表 4-4-4。

表 4-4-4　钻孔用切削液

工件材料	切　削　液	工件材料	切　削　液
各类结构钢	3%～5%乳化液或 7%硫化乳化液	铸铁	5%～8%乳化液或没有（也可不用）
不锈钢、耐热钢	3%肥皂加 2%亚麻油水溶液或硫化切削油	组合金	5%～8%乳化液或煤油,煤油与菜油的混合油
紫铜、黄铜、青铜	5%～8%乳化液（也可不用）	有机玻璃	5%～8%乳化液或煤油

在高强度材料上钻孔时，钻头前刀面要承受较大的压力，为减少摩擦和钻削阻力可在切削液中增加硫、二硫化钼等成分，如硫化切削油。

在塑性、韧性较大的材料上钻孔，要求加强润滑作用，在切削液中可加入适当的动物油和矿物油。

孔的精度要求较高和表面粗糙度值要求很小时，应选用主要起润滑作用的切削液，如菜油、猪油等。

（4）钻孔的方法

① 钻孔前的划线：按钻孔位置尺寸要求，先划出孔的中心线，并打上中心样冲眼，再按孔的大小划出孔的圆周线。对钻削直径较大的孔，应划出几个大小不等的检查圆〔如图 4-4-9(a)〕，以便钻孔时检查并校正钻孔位置。当钻孔的位置精度要求较高时，可直接划出以孔中心线为对称中心的几个大小不等的方格〔如图 4-4-9(b)〕，作为钻孔时的检查线。

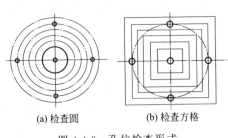

(a) 检查圆　　(b) 检查方格

图 4-4-9　孔位检查形式

② 工件的装夹

a. 平整的工件用平口钳装夹。钻直径大于8mm孔时，平口钳须用螺栓、压板固定。钻通孔时工件底部应垫上垫铁，空出落钻部位〔如图 4-4-10(a)〕。

b. 圆柱形的工件用 V 形架装夹。钻孔时应使钻头轴心线位于 V 形架的对称中心，按工件划线位置进行钻孔〔如图 4-4-10(b)〕。

c. 压板装夹。对钻孔直径较大或不便用平口钳装夹的工件，可用压板装夹〔如图 4-4-10(c)〕。

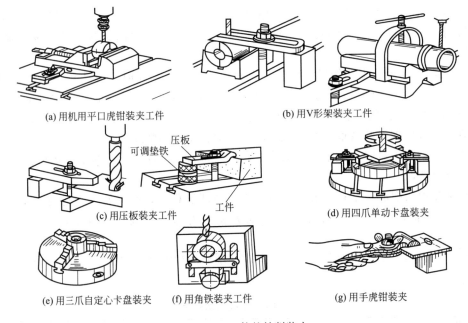

(a) 用机用平口虎钳装夹工件　　　　　(b) 用V形架装夹工件

(c) 用压板装夹工件　　　　　(d) 用四爪单动卡盘装夹

(e) 用三爪自定心卡盘装夹　(f) 用角铁装夹工件　　　(g) 用手虎钳装夹

图 4-4-10　工件的钻削装夹

d. 卡盘装夹。方形工件钻孔，用四爪单动卡盘装夹〔如图 4-4-10(d)〕；圆形工件端面钻孔，用三爪自定心卡盘装夹〔见图 4-4-10(e)〕。

e. 角铁装夹。底面不平或加工基准在侧面的工件用角铁装夹〔如图 4-4-10(f)〕。

f. 手虎钳装夹。在小型工件或薄板件上钻小孔时，用手虎钳装夹〔如图 4-4-10(g)〕。

③ 钻头的装拆

a. 直柄钻头的装拆〔如图 4-4-11(a)〕。

b. 锥柄钻头的装拆〔见图 4-4-11(b)、(c)、(d)〕。

④ 钻孔方法

a. 试钻　钻孔时，先使钻头对准划线中心，钻出浅坑，观察是否与划线圆同心，准确无误后，继续钻削完成。如钻出浅坑与划线圆发生偏位，偏位较少的可在试钻同时用力将工件向偏位的反方向推移，逐步找正；如偏位较多，可在找正方向上打上几个样冲眼〔如图 4-4-12(a)〕，或用油槽錾錾出几条小槽〔如图 4-4-12(b)〕，以减少此处的钻削阻力达到借正目的。如钻削孔距要求较高的孔时，两孔要边试钻边测量边找正，不可先钻好一个孔再来找正第二孔的位置。

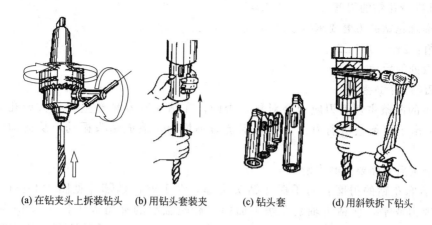

(a) 在钻夹头上拆装钻头　(b) 用钻头套装夹　(c) 钻头套　(d) 用斜铁拆下钻头

图 4-4-11　钻头的装拆

b. 钻孔操作方法

（a）钻削通孔时，当孔快要钻穿时，应减小进给力，以免发生"啃刀"，影响加工质量和折断钻头。

（b）钻不通孔时，应按钻孔深度调整好钻床上的挡块、深度标尺或采用其他控制措施，以免钻过深或过浅，并注意退屑。

（c）一般钻削深孔时，钻削深度达到钻头直径 3 倍时，钻头就应退出排屑，并注意冷却润滑。

（d）钻 ϕ30mm 以上的大孔时，一般分成两次进行：第一次用 0.5～0.7 倍孔径钻头，第二次用所需直径的钻头钻削。

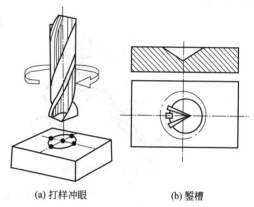

(a) 打样冲眼　　　　(b) 錾槽

图 4-4-12　用样冲眼、錾槽来找正钻偏的孔

（e）钻 ϕ1mm 以下小孔时，切削速度可选在 2000～3000r/min 以上，进给力小且平稳不宜过大过快，防止钻头弯曲和滑移。应经常退出钻头排屑，并加注切削液。

（f）在斜面上钻孔时，可采用中心钻先钻底孔，或用铣刀在钻孔处铣削出小平面，或用钻套导向等方法进行。

（5）钻削时的安全注意事项

① 操作机床时不可戴手套，袖口必须扎紧，女生必须戴工作帽。

② 工件必须夹紧，特别在小工件上钻削较大直径的孔时装夹必须牢固，孔将钻穿时要尽量减小进给力。

③ 开动钻床前，应检查是否有钻夹头钥匙或斜铁插在钻轴上。

④ 钻孔时不可用手、棉纱或用嘴吹来清除切屑，必须用毛刷清除，钻出长条切屑时要用钩子钩断后除去。

⑤ 操作者的头部不准与旋转着的主轴靠得太近，停机时应让主轴自然停止，不可用手去扶，也不能用反转制动。

⑥ 严禁在开机状态下装拆工件。检验工件和变换主轴转速必须在停机状况下进行。

⑦ 清洁钻床或加注润滑油时必须切断电源。

（6）标准麻花钻的刃磨

① 标准麻花钻的刃磨要求

a. 顶角：$2\varphi=118°\pm2°$。

b. 外缘处的后角：$\alpha_0=10°\sim14°$。

c. 横刃斜角：$\psi=50°\sim55°$。

d. 钻头的两条主切削刃应刃磨对称，否则，在钻孔时容易产生孔扩大或孔歪斜的现象，同时，由于两条主切削刃所受的切削抗力不均衡，造成钻头振动，从而加剧钻头的磨损。

e. 两个主后刀面要刃磨光滑。

② 标准麻花钻的刃磨：右手握住钻头头部，左手握住柄部［见图 4-4-13（a）］，将钻头主切削刃放平，使钻头轴线在水平面内与砂轮轴线的夹角等于顶角（2φ 为 $118°\pm2°$）的一半。将后刀面轻靠上砂轮圆周［见图 4-4-13（b）］，同时控制钻头绕轴心线作缓慢转动，两动作同时进行，且两后刀面轮换进行，按此反复，磨出两主切削刃和两主后刀面。

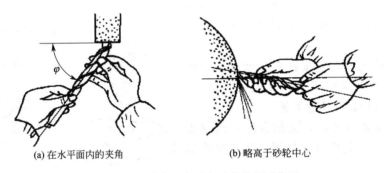

（a）在水平面内的夹角　　　　（b）略高于砂轮中心

图 4-4-13　钻头刃磨时与砂轮的相对位置

③ 标准麻花钻刃磨质量的检查：如图 4-4-14 所示，用样板检验钻头的几何角度及两主切削刃的对称性。通过观察横刃斜角 ψ 是否约为 $55°$ 来判断钻头后角。横刃斜角大，则后角小；横刃斜角小，则后角大。

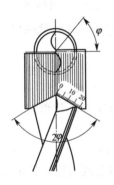

图 4-4-14　用样板检验钻头刃磨角度

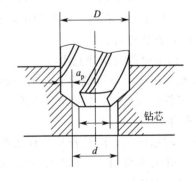

图 4-4-15　扩孔

2. 扩孔

用扩孔钻对工件上原有的孔进行扩大加工的方法称为扩孔，如图 4-4-15 所示。

由图 4-4-15 可知：扩孔时切削深度 a_p 为：

$$a_p=(D-d)/2$$

式中　D——扩孔后的直径，mm；

　　　d——扩孔前的直径，mm。

（1）扩孔钻的结构及特点

① 扩孔钻无横刃，避免了横刃切削所引起的不良影响。

② 切削深度较小，切屑易排出，不易擦伤已加工面。

③ 扩孔钻强度高、齿数多，导向性好、切削稳定，可使用较大切削用量（进给量一般为钻孔的 1.5～2 倍，切削速度约为钻孔的 1/2 倍），提高了生产效率。

④ 加工质量较高，一般公差等级可 IT10～IT9，表面粗糙度可达 $Ra12.5～3.2\mu m$，常作为孔的半精加工及铰孔前的预加工。

（2）扩孔注意事项

① 扩孔钻多用于成批大量生产。小批量生产常用麻花钻代替扩孔钻使用，此时，应适当减小钻头前角，以防止扩孔时扎刀。

② 用麻花钻扩孔，扩孔前钻孔直径为 0.5～0.7 倍的要求孔径；用扩孔钻扩孔，扩孔前钻孔直径为 0.9 倍的要求孔径。

③ 钻孔后，在不改变钻头与机床主轴相互位置的情况下，应立即换上扩孔钻进行扩孔，使钻头与扩孔钻的中心重合，保证加工质量。

3. 锪孔

锪孔是用锪钻（或改制的钻头）进行孔口形面的加工方法。在工件的连接孔段锪成圆柱形或锥形埋头孔，用埋头螺钉埋入孔内把有关零件连接起来，使外观整齐，装配位置紧凑；将孔口端面锪平，并与孔中心线垂直，能使连接螺栓（或螺母）的断面与连接件保持良好接触。

锪孔时刀具容易产生振动，使所锪的端面或锥面出现振痕，特别是使用麻花钻改制的锪钻，振痕更为严重。为此在锪孔时应注意以下几点。

① 锪孔时的进给量为钻孔的 2～3 倍切削速度为钻孔的 1/3～1/2。精锪时可利用停车后的主轴惯性来锪孔，以减少振动而获得光滑表面。

② 使用麻花钻改制锪钻时，尽量选用较短的钻头，并适当减小后角和外缘处前角，以防止扎刀和减少震动。

③ 锪钢件时，应在导柱和切削表面家切削液润滑。

4. 铰孔

铰孔是用铰刀从工件孔壁上切除微量金属层，以获得较高尺寸精度和较小表面粗糙度值的方法。铰刀是精度较高的多刃刀具，具有切削余量小、导向性好、加工精度高等特点。一般尺寸精度可达 IT9～IT7 级，表面粗糙度值可达 $3.2～0.8\mu m$。

（1）铰刀

① 铰刀的组成：铰刀由柄部、颈部和工作部分组成（见图 4-4-16）。

工作部分又有切削部分和校准部分。切削部分担负切去铰孔余量的任务。校准部分有棱边，主要起修光孔壁、保证铰孔直径和便于测量等作用。为了减小铰刀和孔壁的摩擦，校准部分磨出圆锥量。铰刀齿数一般为 4～8 齿，为测量直径方便，多采用偶数齿。

② 铰刀的种类：铰刀常用高速钢或高碳钢制成，使用范围较广，其分类及结构特点与应用见表 4-4-5。

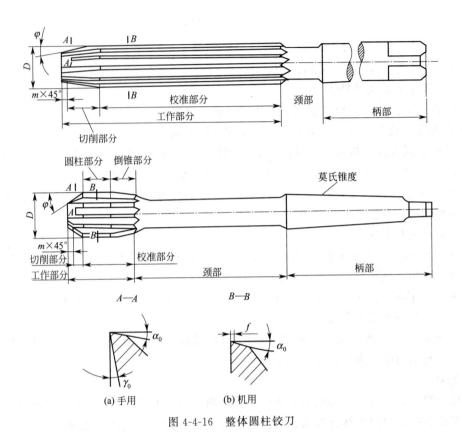

图 4-4-16　整体圆柱铰刀

表 4-4-5　铰刀的种类

分　类		结构特点与应用
按使用方法	手用铰刀	柄部为方棒形，以便铰杠套入。其工作部分较长，切削锥角较大
	机用铰刀	工作部分较短，切削锥角较大
按结构	整体式圆柱铰刀	用于铰削标准直径系列的孔
	可调式手用铰刀	用于单件生产和修配工作中需要铰削的非标准孔
按外部形状	直槽铰刀	用于铰削普通孔
	锥铰刀　1∶10 锥铰刀	用于铰联轴器上与锥削配合的锥孔
	莫氏锥铰刀	用于铰削 0～6 号莫氏锥孔
	1∶30 锥铰刀	用于铰削套式刀具上的锥孔
	1∶50 锥铰刀	用于铰削圆锥定位削孔
	螺旋槽铰刀	用于铰削有键槽的内孔
按切削部分材料	高速钢铰刀	用于铰削各种碳钢或合金钢
	硬质合金铰刀	用于高速或硬材料铰削

　　铰刀的基本类型如图 4-4-17 所示，铰孔后孔径有时可能收缩或扩张。最好通过试铰，按实际情况修正铰刀直径。

　　（2）铰削用量

　　① 铰削余量 $2a_p$：铰削余量是指上道工序完成后，在直径方向留下的加工余量。铰削余量应适中。余量太大，会使尺寸精度降低，表面粗糙度值增大，同时加剧铰刀磨损。余量

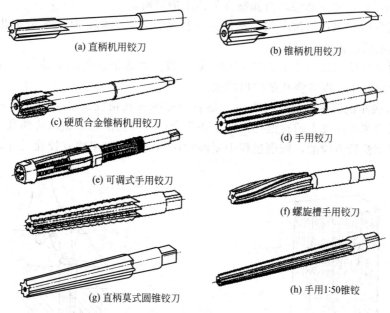

(a) 直柄机用铰刀　　　　　　(b) 锥柄机用铰刀

(c) 硬质合金锥柄机用铰刀　　　　　　(d) 手用铰刀

(e) 可调式手用铰刀　　　　　　(f) 螺旋槽手用铰刀

(g) 直柄莫式圆锥铰刀　　　　　　(h) 手用1:50锥铰

图 4-4-17　铰刀的基本类型

太小，上道工序的残留变形难以纠正，原有刀痕不能去除，铰削质量达不到要求。

通常应考虑到孔径大小、材料软硬、尺寸精度、表面粗糙度要求、铰刀类型及加工工艺等多种因素合理选择。一般粗铰余量为 0.15～0.35mm，精铰余量为 0.1～0.2mm。

用普通标准高速钢铰刀铰孔时，可参考表 4-4-6 选取铰削余量。

表 4-4-6　铰削余量

螺孔直径/mm	<5	5～20	21～32	33～50	51～70
铰孔余量/mm	0.1～0.2	0.2～0.3	0.3	0.5	0.8

② 机铰切削速度和进给量：使用普通标准高速钢机铰刀铰孔，切削速度和进给量的选用参考表 4-4-7。

表 4-4-7　机铰切削速度和进给量的选用

工件材料	切削速度 v/(m/min)	进给量 f/(mm/r)
钢	4～8	0.4～0.8
铸铁	6～10	0.5～1
铜或铝	8～12	1～1.2

铰削时一般要使用适当的切削液，以减少摩擦、降低工件与刀具温度，防止产生积屑瘤及工件和铰刀的变形或孔径扩大现象。

③ 铰孔的操作要点

a. 工件要夹正，两手用力要均衡，铰刀不得摇摆，按顺时针方向扳动铰杠进行铰削，避免在孔口处出现喇叭口或将孔径扩大。

b. 手铰时，要变换每次的停歇位置，以消除铰刀常在一处停歇而造成的振痕。

c. 铰孔时，不论进刀还是退刀都不能反转。以防止刃口磨钝及切屑卡在刀齿后面与孔壁间，将孔壁划伤。

d. 铰削钢件时，要注意经常清除粘在刀齿上的切屑。

e. 铰削过程中如果铰刀被卡住，不能用力扳转铰刀，以防损坏。而应取出铰刀待清除切屑，加注切削液后再行铰削。

f. 机铰时，应使工件一次装夹进行钻、扩、铰。以保证孔的加工位置。铰孔完成后要待铰刀退出后再停车，以防将孔壁拉出痕迹。

g. 铰尺寸较小的圆锥孔时，可先以小端直径按圆柱孔精铰余量钻出底孔，然后用锥铰刀铰削。对尺寸和深度较大的圆锥孔，减小切削余量，铰孔前可先钻出阶梯孔，如图4-4-18所示。然后再用锥铰刀铰削，铰削过程中要经常用相配的锥销来检查铰孔尺寸，如图4-4-19所示。

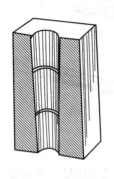

图 4-4-18　钻阶梯孔

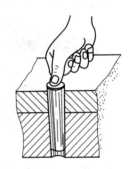

图 4-4-19　用锥销检查孔尺寸

二、螺纹加工

1. 攻螺纹

（1）攻螺纹用的工具

① 丝锥：丝锥按使用方法分为手用丝锥（碳素工具钢的滚牙丝锥）和机用丝锥（高速钢的磨牙丝锥），如图4-4-20所示；按螺纹规格分为粗牙螺纹丝锥和细牙螺纹丝锥；按余量分配形式分为锥形余量分配丝锥和柱形余量分配丝锥。

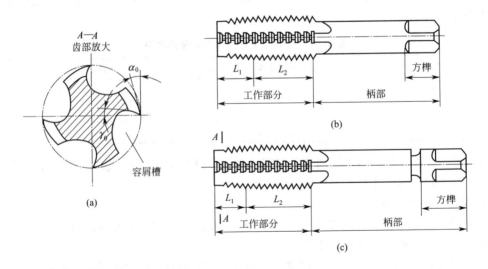

图 4-4-20　丝锥

a. 丝锥的结构：丝锥由柄部和工作部分组成。柄部是攻螺纹时被夹持的部分，起传递扭矩的作用。工作部分由切削部分 L_1 和校准部分 L_2 组成，切削部分的前角 $\gamma_0 = 8° \sim 10°$，后角 $\alpha_0 = 6° \sim 8°$，起切削作用。校准部分有完整的牙形，用来修光和校准已切出的螺纹，并引导丝锥沿轴向前进。

　　b. 成组丝锥：攻螺纹时，为了减小切削力和延长丝锥寿命，一般将整个切削分配给几支丝锥来承担。通常 M6～M24 丝锥每组有两支；M6 以下及 M24 以上的丝锥每组有三支；细牙螺纹丝锥为两支一组。成组丝锥切削量的分配形式有两种，如图 4-4-21 所示。

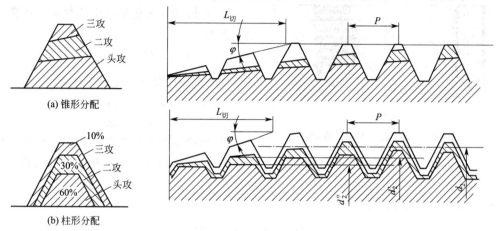

图 4-4-21　成组丝锥切削分配

　　锥形分配切削量的丝锥（等径丝锥），每只丝锥大、中、小径都相等，只是切削部分锥角及长度不等，头锥比二锥切削部分要长的多。

　　柱形分配切削量的丝锥（不等径丝锥），只有头锥和二锥的中经是一样的，外径头锥比二锥要小，三锥的外径、中经和内径都比头锥和二锥大。

　　强调：成组丝锥依次分担切削工作，其使用顺序不能搞错。

　　② 铰杠：铰杠是手工攻螺纹的用来夹持丝锥的工具。铰杠分普通铰杠（见图 4-4-22）和丁字形铰杠（图 4-4-23）两类。每类铰杠又有固定式和可调式两种。

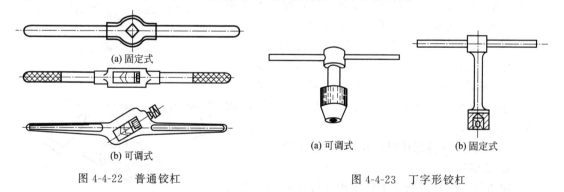

图 4-4-22　普通铰杠　　　　　　　图 4-4-23　丁字形铰杠

　　（2）攻螺纹前底孔直径与孔深的确定

　　① 攻螺纹前底孔直径的确定：攻螺纹时，丝锥对金属层有较强的挤压作用，使攻出螺纹的小径小于底孔直径，此时，如果螺纹牙顶与丝锥牙底之间没有足够的容屑空间，丝锥就会被挤压出来的材料箍住，易造成崩刃、折断和螺纹烂牙。因此，攻螺纹之前的底孔直径应稍大于螺纹小径，如图 4-4-24（a）所示。一般根据工件材料的塑性和钻孔时的扩张量来考虑，使攻螺纹时既有足够的空隙容纳被挤出的材料，又能保证加

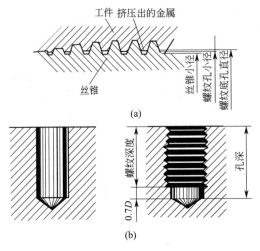

图 4-4-24　螺纹底孔深度的确定

工出来的螺纹具有完整的牙形。

加工普通螺纹底孔的钻头直径计算公式如下。

a. 对钢和其他塑性大的材料，扩张量中等，此时

$$D_孔 = D - P$$

b. 对铸铁和其他塑性小的材料，扩张量较小，此时

$$D_孔 = D - (1.05 \sim 1.1)P$$

式中　$D_孔$——螺纹底孔钻头直径，mm；

　　　D——螺纹大径，mm；

　　　P——螺距，mm。

② 攻螺纹的底孔深度的确定：攻盲孔螺纹时，由于丝锥切削部分不能攻出完整的螺纹牙形，所以钻孔深度要大于螺纹的有效长度。如图 4-4-24（b）所示。

钻孔深度的计算式为：

$$H_深 = h_{有效} + 0.7D$$

式中　$H_深$——底孔深度，mm；

　　　$h_{有效}$——螺纹有效长度，mm；

　　　D——螺纹大径，mm。

（3）攻螺纹的操作要点

① 按确定的攻螺纹的底孔直径和深度钻底孔，并将孔口倒角，便于丝锥顺利切入。

② 起攻时，可一手用手掌按住铰杠中部沿丝锥轴线用力加压，另一手配合作顺向旋进；或两手握住铰杠两端均匀施压，并将丝锥顺向旋进，保证丝锥中心线与孔中心线重合，如图 4-4-25 所示。

③ 当丝锥攻入 1～2 圈时，应检查丝锥与工件表面的垂直度，并不断校正，丝锥的切削部分全部进入工件时，要间断性地倒转 1/4～1/2 圈，进行断屑和排屑。

④ 攻螺纹时，必须以头攻、二攻、三攻顺序攻削至标准尺寸。

⑤ 攻韧性材料螺孔时，要加合适的切削液。

2. 套螺纹

用板牙在圆杆或管子上切削出外螺纹的加工方法称为套螺纹，如图 4-4-26 所示。

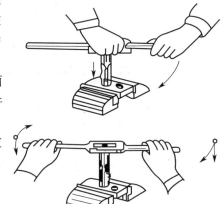

图 4-4-25　起攻方法

（1）套螺纹用的工具

① 板牙：板牙是加工外螺纹的工具，它用合金工具钢或高速钢制作并经淬火处理。如图 4-4-27 所示，板牙由切削部分、校准部分和排屑孔组成。板牙两端面都有切削部分，待一端磨损后，可换另一端使用。

② 板牙架：板牙架是装夹板牙的工具，如图 4-4-28 所示。板牙放入后，用螺钉紧固。

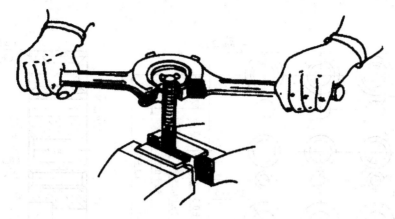

图 4-4-26　套螺纹

图 4-4-27　板牙

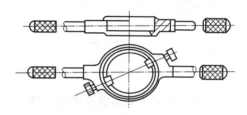

图 4-4-28　板牙架

（2）套螺纹前圆杆直径的确定

套螺纹时，金属材料因受板牙的挤压而产生变形，牙顶将被挤得高一些，所以套螺纹前圆杆直径应稍小于螺纹大径。圆杆直径的计算公式为：

$$d_{杆} = d - 0.13P$$

式中　$d_{杆}$——套螺纹前圆杆直径，mm；

　　　d——螺纹大径，mm；

　　　P——螺距，mm。

（3）套螺纹的操作要点

① 套螺纹前应将圆杆端部倒成锥半角为 15°～20°的锥体，锥体的最小直径要比螺纹小径小。

② 为了使板牙切入工件，要在转动板牙时施加轴向压力，待板牙切入工件后不再施压。

③ 切入 1～2 圈时，要注意检查板牙的端面与圆杆轴线的垂直度。

④ 套螺纹过程中，板牙要时常倒转一下进行断屑，合理选用切削液。

【任务实施】

　　任务名称：钻孔、扩孔、铰孔和攻螺纹

　　任务要求：巩固钻孔、扩孔、铰孔、攻螺纹等基本技能和提高钻头刃磨技能，按划线钻孔能达到一定的位置精度要求；按图 4-4-29 要求钻孔。

　　任务材料：划规、样冲、平锉、丝锥（M4、M10）、铰杠、麻花钻（ϕ3.3mm、ϕ6mm、ϕ7.8mm、ϕ8.5mm、ϕ14mm）、锪钻、ϕ8mm 手用铰刀、钢直尺、游标高度尺、游标卡尺。

　　操作步骤：

（1）加工毛坯件基准，锉削外形尺寸，达到图样要求（80±0.06）mm×（70±0.06）mm×20mm 尺寸。

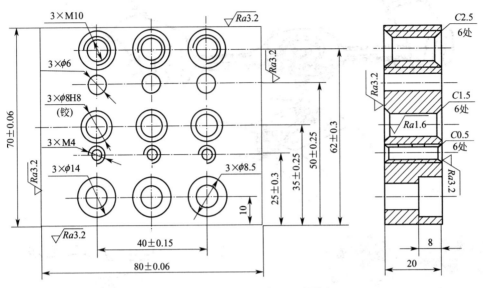

图 4-4-29 孔加工和螺纹加工

（2）按图样要求划出各孔的加工线。

（3）完成本训练所用钻头的刃磨，并试钻，达到切削角度要求。

（4）用平口钳装夹工件，按划线钻 $3\times\phi6$mm 孔、$3\times\phi3.3$mm 孔、$3\times\phi7.8$mm 孔、$6\times\phi8.5$mm 的孔，达到位置精度要求。

（5）在 $3\times\phi6$mm 孔口倒角，分别在 $3\times\phi7.8$mm 和第一排 $3\times\phi8.5$mm 的孔口锪 45° 锥形埋头孔，深度按图样要求。在第五排 $3\times\phi8.5$mm 的孔口用柱形锪钻锪出 $3\times\phi14$mm、深 8mm 沉孔。

（6）攻制 $3\times$M4、$3\times$M10 螺纹，达到垂直度要求。

（7）铰削 $3\times\phi8$H8 的孔，达到垂直度要求。

（8）去毛刺，复检。

注意事项：

（1）划线后在各孔中心处打样冲眼，落点要准确。

（2）用直径较小钻头钻孔时，进给力不能太大以免钻头弯曲或折断。

（3）钻头起钻定中心时，平口钳可不固定，待起钻浅坑位置正确后再压紧，并保证落钻时钻头无弯曲现象。

（4）起攻时，两手压力均匀。攻入 2～3 齿后，要矫正垂直度，正常攻制后，每攻入一圈要反转半圈，牙型要攻制完整。

（5）做到安全文明生产操作。

成绩评定：见表 4-4-8。

表 4-4-8 成绩评定

工件号		座号		姓名		学号		总得分	
项目		质量检测内容		配分		评分标准		实测结果	得分
锉削		（80±0.06）mm		10 分		超差不得分			
		（70±0.06）mm		10 分		超差不得分			
		表面粗糙度 $Ra\,3.2\mu$m		6 分		升高一级不得分			

工件号		座号		姓名	学号		总得分	
项目	质量检测内容			配分	评分标准		实测结果	得分
钻、锪、铰、攻	(62±0.3)mm			8 分	超差不得分			
	(50±0.25)mm			8 分	超差不得分			
	(35±0.25)mm			8 分	超差不得分			
	(25±0.3)mm			5 分	超差不得分			
	(40±0.15)mm			9 分	超差不得分			
	3×ϕ8H8			3 分	超差不得分			
	3×M4			3 分	超差不得分			
	3×M10			3 分	超差不得分			
	3×ϕ8.5mm			3 分	超差不得分			
	3×ϕ14mm			3 分	超差不得分			
	表面粗糙度 $Ra1.6\mu m$			3 分	升高一级不得分			
	倒角			9 分	不加工不得分			
安全文明生产				9 分	违者不得分			
现场记录：								

第五单元　焊工基本操作

教　学　要　求

知识目标：
- ★ 了解埋弧焊、电阻焊、电渣焊等焊接方法。
- ★ 理解各种焊接方法工作原理、气焊与气割原理。
- ★ 掌握焊条电弧焊、二氧化碳气体保护焊、气焊与气割等工艺要点。

能力目标：
- ★ 能掌握焊条电弧焊基本技能操作。
- ★ 能掌握二氧化碳气体保护焊基本技能操作。
- ★ 能掌握气焊与气割操作技术要领。
- ★ 具有安全生产和文明生产习惯，养成良好的职业道德。

　　焊接技术主要应用在金属母材上，常用的有电弧焊，氩弧焊，CO_2 保护焊，氧气-乙炔焊，激光焊接，电渣压力焊等多种，塑料等非金属材料亦可进行焊接。金属焊接方法有 40 种以上，主要分为熔焊、压焊和钎焊三大类。手工焊接是传统的焊接方法，虽然批量电子产品生产已较少采用手工焊接了，但对电子产品的维修、调试中不可避免地还会用到手工焊接。焊接质量的好坏也直接影响到维修效果。手工焊接是一项实践性很强的技能，在了解一般方法后，要多练、多实践，才能有较好的焊接质量。

　　焊工基本操作主要讲解了焊条电弧焊、气焊与气割、火焰钎焊、电阻焊、埋弧焊、二氧化碳保护焊、手工钨极氩弧焊等内容。通过项目训练达到掌握操作方法的目的。

项目一　焊条电弧焊

【任务要求】

　　通过本任务的学习和训练，了解焊条电弧焊的特点；了解焊条电弧焊的设备及工具；掌握焊条电弧焊的基本方法。

【知识内容】

　　焊条电弧焊是利用手工操纵焊条进行焊接的电弧焊方法，是熔焊中最基本的一种焊接方法，也是目前焊接生产中使用最广泛的焊接方法。

　　焊条电弧焊设备简单，操作灵活，对空间不同位置、不同接头形式的焊件都能进行焊接。因此，焊条电弧焊是焊接生产中应用最广泛的焊接方法。但焊条电弧焊对焊工的技术水平要求高，劳动条件差，生产效率较低。

一、焊接电源

　　弧焊电源按结构可分为交流弧焊电源、直流弧焊电源、脉冲弧焊电源和弧焊逆变器。按电流的性质可分为交流弧焊电源、直流弧焊电源两大类。

1. 交流弧焊电源

(1) 原理及特点

交流弧焊电源是一种供电弧燃烧使用的降压变压器，也称弧焊变压器。常见的交流弧焊电源有动铁芯式和动圈式两种。交流弧焊电源可将工业用电压 220V 或 380V 降低到空载时只有 60～80V，电弧引燃时为 20～30V，同时它能供给很大的焊接电流，并可根据需要在一定的范围内调节。交流弧焊电源具有结构简单、节省电能、成本低廉、使用可靠和维修方便等优点，因此在一般焊接结构的生产中得到广泛的应用。

(2) 交流弧焊电源型号

BX1-315(500) 和 BX3-315(500) 型弧焊变压器是最常用的交流弧焊电源。型号中"B"表示焊接弧焊变压器；"X"表示焊接电源为下降外特性，"1"、"3"表示该系列产品中的序号，分别表示动芯式和动圈式；"315"、"500"表示额定焊接电流为 315A 和 500A，弧焊变压器的外形如图 5-1-1 所示。

2. 直流弧焊电源

(1) 原理及特点

根据所产生直流电的原理不同，直流弧焊电源可分为弧焊整流器和弧焊发电机两大类。弧焊整流器是一种将交流电变压、整流转换成直流电的弧焊电源。弧焊整流器有硅弧焊整流器、晶闸管弧焊整流器和晶体管弧焊整流器等，晶闸管弧焊整流器以其优异的性能逐步代替了弧焊发电机和硅弧焊整流器，成为目前一种主要的直流弧焊电源。弧焊发电机是由交流电动机带动直流发电机，为焊接提供直流电源。因其结构复杂，制造和维修较困难，使用时噪声大、耗能多而逐渐被淘汰。

(2) 直流弧焊电源型号

ZX5-250 和 ZX5-400 型弧焊变压器是最常用的直流弧焊电源。型号中"Z"表示焊接弧焊整流器；"X"表示焊接电源为下降外特性，"5"表示该系列产品中的序号，晶闸管弧焊整流器；"250"、"500"表示额定焊接电流为 250A 和 500A。ZX5-400 弧焊整流器的外形如图 5-1-2 所示。

图 5-1-1　BX1-315 型弧焊变压器外形

图 5-1-2　ZX5-400 型晶闸管整流弧焊电源

二、焊接工具

进行焊条电弧焊时必需的工具有夹持焊条的焊钳，保护操作者的皮肤、眼睛免于灼伤的手套和面罩，清除焊缝表面渣壳用的清渣锤和钢丝刷等。图 5-1-3 是焊钳与面罩的外形图。

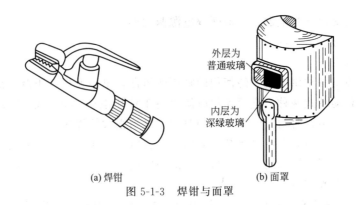

外层为普通玻璃

内层为深绿玻璃

(a) 焊钳   (b) 面罩

图 5-1-3　焊钳与面罩

三、焊条

（一）焊条的组成和作用

焊条是由焊芯和药皮两部分组成的，如图 5-1-4 所示。

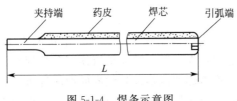

夹持端　药皮　焊芯　引弧端

L

图 5-1-4　焊条示意图

1. 焊芯

焊芯是用符合国家标准的焊接用钢丝制成。焊芯的直径就是焊条的直径，一般为 $\phi1.6\sim6.0mm$，常用的焊条直径有 $\phi2.5mm$、$\phi3.2mm$、$\phi5mm$ 几种，长度在 $250\sim450mm$ 之间。焊接时焊芯起两种作用：一是作为电极产生电弧；二是熔化后作为填充金属与熔化的母材一起形成焊缝。焊条电弧焊时，焊芯金属约占整个焊缝金属的 $50\%\sim70\%$，焊芯的化学成分直接影响焊缝的质量。

2. 药皮

药皮是压涂在焊芯表面上的涂料层。药皮是由各种矿物类、铁合金和金属类、有机类及化工产品等原料组成。药皮中主要成分不同，药皮的类型也不同。药皮在焊接过程中可以起到稳定电弧、保护熔化金属、去除有害杂质和添加有益合金元素的作用。

（二）焊条的种类

1. 根据焊条的化学成分和用途分类

根据焊条的化学成分和用途分类，焊条可分为碳钢焊条、低合金钢焊条、不锈钢焊条、堆焊焊条、铸铁焊条、铜及铜合金焊条、铝及铝合金焊条等。其中碳钢焊条应用最广。

2. 按照焊条药皮熔化后熔渣特性分类

按照焊条药皮熔化后熔渣特性，焊条又可分为酸性焊条和碱性焊条。

（1）酸性焊条。其熔渣的成分主要是酸性氧化物，这类焊条的优点是工艺性好、易引弧、电弧稳定、飞溅小、易脱渣、成形好，对水分、油污、铁锈不敏感。它的缺点是焊缝金属的力学性能差和抗裂性能差。酸性焊条适用于低碳钢和强度等级较低的普通低合金钢机构的焊接。常用的酸性焊条有 E4003 型和 E5003 型等。

（2）碱性焊条。其熔渣的成分主要是碱性氧化物和氟化钙。这类焊条优点是焊缝金属的力学性能差和抗裂性能都比酸性焊条好，它的缺点是工艺性差、电弧稳定性差、脱渣性差、烟尘量大，对油污、铁锈和水分敏感。碱性焊条适用于合金钢和重要碳钢结构的焊接，须烘干后使用。常用的碱性焊条有 E5015 型和 E5016 型低氢焊条。

3. 焊条的型号

碳钢和低合金钢焊条型号是根据熔敷金属的力学性能、药皮类型、焊接位置和电流种类来划分的。字母"E"表示焊条；前两位数字表示熔敷金属抗拉强度的最小值，单位为×10MPa；第三位数字表示焊条的焊接位置，"0"及"1"表示焊条适用于全位置焊接；第三位和第四位数字组合时，表示焊接电流种类及药皮类型。例如：E5015 型号的表示如图 5-1-5所示。

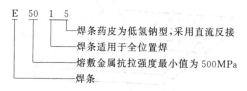

图 5-1-5 E5015 焊条型号的表示法

四、焊接的接头形式

焊接接头是用焊接方法连接的接头，根据焊件的厚度、结构、使用条件的不同，须采用不同形式的接头。常用的接头形式有对接接头、搭接接头、角接接头和 T 形接头，如图 5-1-6 所示。

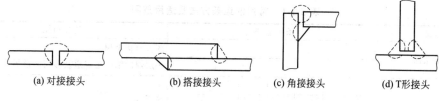

(a) 对接接头   (b) 搭接接头   (c) 角接接头   (d) T形接头

图 5-1-6   焊接接头形式

五、焊接操作

（一）电弧的引燃方法

焊条电弧焊的引燃方法可分为直击引弧法和划擦引弧法两种，如图 5-1-7 所示。

直击法是先将焊条垂直对准焊件，然后用焊条撞击焊件表面即提起，并与焊件保持一定距离，约 2～3mm 即引燃电弧。操作时必须掌握好手腕上下动作和距离。

划擦法是先将焊条末端对准焊件，然后像擦火柴似的将焊条在焊件表面划擦一下，当电弧引燃后立即提起维持 2～3mm 的高度，电弧就能稳定地燃烧。即先将焊条末端对准焊件，然后将焊条在焊件表面划一下即可。二者比较，划擦法较容易掌握，但有时会在焊件表面形成一道划痕，影响外观。直击法对初学者较难掌握，一般容易发生电弧熄灭或造成短路。

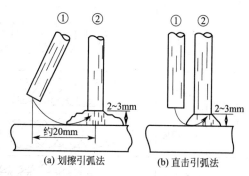

(a) 划擦引弧法   (b) 直击引弧法

图 5-1-7   引弧方法

（二）运条方法

1. 运条动作

焊接时，焊条相对焊缝所做的各种动作的总称叫做运条。运条一般要同时完成三个基本动作：一是焊条向熔池方向不断送进，以维持稳定的弧长；二是焊条的横向摆动，以获得一定宽度的焊缝；三是焊条沿焊接方向移动，其速度就是焊接速度，如图 5-1-8 所示。

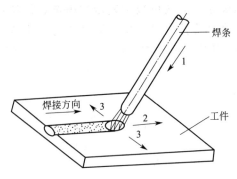

图 5-1-8　运条的基本动作
1—焊条送进；2—沿焊缝移动；3—焊条摆动

2. 运条方法及应用

运条的方法很多，选用时应根据接头的形式、装配间隙、焊缝的空间位置、焊条的直径与性能、焊接电流及操作者技术水平等方面决定。常用的运条方法及适用范围如表 5-1-1 所示。

表 5-1-1　常用的运条方法及适用范围

运条方法		运条示意图	适用范围
直线形运条法			薄板对接平焊 多层焊的第一层焊道及多层多道焊
直线往复形运条法			薄板焊 对接平焊（间隙较大）
锯齿形运条法			对接接头平焊、立焊、仰焊 角接接头立焊
月牙形运条法			管的焊接 对接接头平焊、立焊、仰焊 角接接头立焊
圆圈形运条法	斜圆圈形		角接接头平焊、仰焊 对接接头横焊
	正圆圈形		对接接头厚板件平焊
三角形运条法	斜三角形		角接接头仰焊 开 V 形坡口对接接头横焊
	正三角形		角接接头立焊 对接接头
八字形运条法			对接接头厚焊件平焊、立焊

3. 起头

刚开始焊接时，由于焊件温度较低，引弧后又不能迅速将焊件温度升高，所以起焊点部位焊道较窄，余高略高，甚至会出现熔合不良和夹渣的缺陷。为解决上述问题，起头时可以在引弧后稍微拉长电弧，对始焊处预热。从距离始焊点 10mm 左右处引弧，回焊到始焊点，如图 5-1-9 所示，逐渐压低电弧，同时焊条作微微的摆动，达到所需要的焊道宽度，然后进行正常焊接。

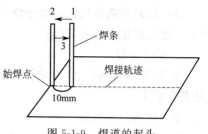

图 5-1-9　焊道的起头

4. 焊缝的接头

焊道连接一条完整的焊缝是由若干根焊条焊接而成的，每根焊条焊接的焊道应有完好的连接。连接方式一般有四种，如图 5-1-10 所示。在接头时更换焊条的动作越快越有利于保证焊缝质量，且焊缝成形美观。

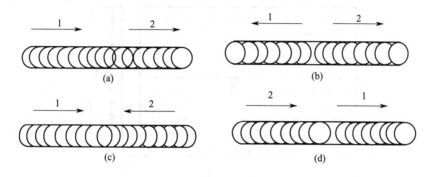

图 5-1-10　焊缝接头的连接方式
1—先焊的焊道；2—后焊的焊道

5. 焊缝的收尾

收尾是指焊接一条焊道结束时的熄弧操作。如果收尾不当，会出现过深的弧坑，使焊道收尾处强度减弱，甚至产生弧坑裂纹。因此，收尾动作不仅是熄弧，还应填满弧坑。常用的收尾方法如图 5-1-11 所示，有以下三种。

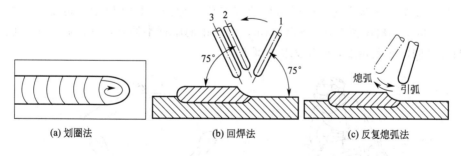

图 5-1-11　收尾方法

（1）划圈收尾法。当焊至终点时，焊条做圆圈运动，直到填满弧坑再熄弧。此法适用于厚板焊接，用于薄板则有烧穿焊件的危险。

（2）回焊收尾法。当焊至结尾处，不马上熄弧，而是按照来的方向，向回焊一小段距离，待填满弧坑后，慢慢拉断电弧。碱性焊条常用此法。

（3）反复熄弧收尾法。焊至终点，焊条在弧坑处作数次熄弧的反复动作，直到填满弧坑为止。此法适用于薄板焊接。

6. 焊后清理

焊后要用钢丝刷、清渣锤等工具把焊渣和飞溅物等清理干净。

【任务实施】

任务名称：平敷焊

任务要求：设备使用合理；焊接姿势正确。

任务器材：BX1-315 型弧焊变压器、E4303 型焊条（直径为 3.2mm 和 4.0mm）、Q235 钢板（规格为 150mm×150mm×8mm）、粉笔、焊接检验尺、长板尺、敲渣锤、面罩、焊工手套、钢丝刷等。

操作步骤：

（1）**划线** 在焊件上，用粉笔以 20mm 的间距画出焊缝位置线，如图 5-1-12 所示。

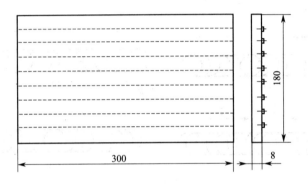

技术要求

1. 焊缝宽度 $c=8\sim10$mm。
2. 焊缝余高 $0\leqslant h\leqslant3$mm。
3. 要求焊道基本平直。

图 5-1-12 平敷焊焊件图

（2）**焊接工艺参数选择** 使用直径为 $\phi3.2$mm 时，焊接电流选择 $I=90\sim120$A；使用 $\phi4.0$mm 的焊条时，焊接电流 $I=140\sim200$A。

（3）**操作姿势** 平敷焊时，一般采取蹲式操作，如图 5-1-13 所示。蹲姿要自然，两脚夹角为 70°～85°，两脚距离约 240～260mm。持焊钳的胳臂半伸开，并抬起一定高度，以保持焊条与焊件间的正确角度，悬空无依托地操作。

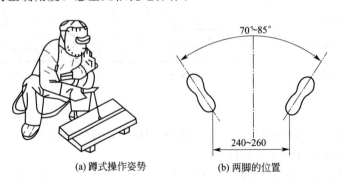

(a) 蹲式操作姿势　　(b) 两脚的位置

图 5-1-13 平敷焊操作姿势

（4）运条　焊缝位置线作为运条的轨迹，采用直线运条法和正圆圈形运条法运条，焊条角度如图 5-1-14 所示。

（5）起头、接头、收尾　进行起头操作可按图 5-1-9 进行，接头操作按图 5-1-10 第一种方法进行，收尾操作按图 5-1-11 进行。

（6）焊道清理　每条焊缝焊完后，清理熔渣，分析焊接中的问题，再进行另外一条焊缝的焊接。

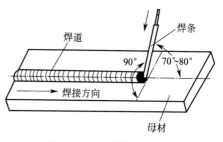

图 5-1-14　平敷焊操作图

成绩评定：见表 5-1-2。

表 5-1-2　成绩评定

序号	项　目	考核技术要求		配分/分	检测工具	得　分
1	焊缝外观质量	焊缝余高 h	0mm≤h≤3mm	10	焊接检验尺	
2		焊缝余高差 Δh	0mm≤Δh≤2mm	15	焊接检验尺	
3		焊缝宽度 c	8mm≤c≤10mm	15	焊接检验尺	
4		焊缝边缘直线度误差	≤2mm	15	焊接检验尺	
5		焊后角变形	≤3°	5	角度尺	
6		咬边	缺陷深度≤0.5mm	5	焊接检验尺	
7		焊瘤	无	5	目测	
8		气孔	无	5	目测	
9		焊缝表面波纹细腻、均匀、成形美观		10	目测	
10		焊接姿势与动作		5	目测	
11	安全及其他	文明生产、安全操作		10		
	合计			100		

评分标准：尺寸精度超差时扣该项全部分，粗糙度降一级扣 2 分

项目二　气焊与气割

【任务要求】

通过本任务的学习和训练，了解气焊、气割的工作原理；了解气焊、气割所用设备工具；掌握气焊、气割的基本方法。

【知识内容】

一、气焊、气割所用设备工具

气焊设备及工具主要有：氧气瓶、乙炔瓶、液化石油气瓶、减压器、焊炬等，如图 5-2-1 所示。

1. 氧气瓶

氧气瓶是储存和运输氧气的一种高压容器，其形状和构造如图 5-2-2 所示。氧气瓶外表涂天蓝色，瓶体上用黑漆标注"氧气"字样，常用气瓶的容积为 40L。

2. 乙炔瓶

乙炔瓶是一种储存和运输乙炔的容器，其形状和构造如图 5-2-3 所示。乙炔瓶外表涂白

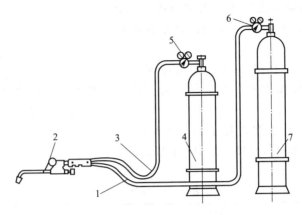

图 5-2-1　气焊设备和工具

1—氧气胶管；2—焊炬；3—乙炔胶管；4—乙炔瓶；

5—乙炔减压器；6—氧气减压器；7—氧气瓶

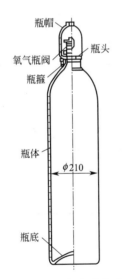

图 5-2-2　氧气瓶的构造

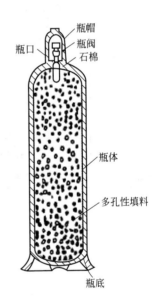

图 5-2-3　乙炔瓶的构造

色，并用红漆标注"乙炔"字样。在瓶体内装满浸有丙酮的多孔性填料，能使乙炔安全地储存在乙炔瓶内。

3．减压器

减压器又称压力调节器，它是将气瓶内的高压气体降为工作时的低压气体的调节装置，按用途可分为氧气减压器和乙炔减压器。氧气减压器结构如图 5-2-4 所示，乙炔减压器结构如图 5-2-5 所示。减压器起减压和稳压作用，氧气瓶和乙炔瓶都需要安装减压器。

4．回火保险器

回火保险器是装在乙炔表和焊炬（割炬）之间的防止气体向瓶内回火的保险装置，还可以对乙炔过滤，提高其纯度。

5．焊炬

焊炬是气焊时用于控制气体混合比、流量及火焰并进行焊接的工具。焊炬按可燃气体与氧气混合的方式不同，可分为射吸式焊炬（也称低压焊炬）和等压式焊炬两类。现在常用的是射吸式焊炬，其构造如图 5-2-6 所示。

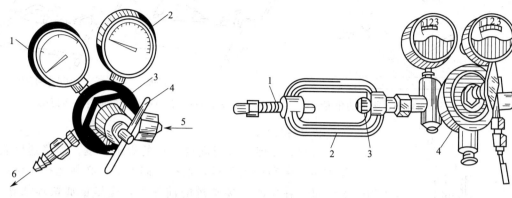

图 5-2-4　QD1 型单级反作用式氧气减压器
1—低压表；2—高压表；3—外壳；4—调压螺钉；
5—进气接头；6—出气接头

图 5-2-5　带夹环的乙炔减压器
1—固定螺钉；2—夹环；
3—连接管；4—乙炔减压器

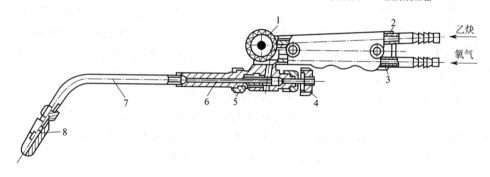

图 5-2-6　射吸式焊炬的构造
1—乙炔阀；2—乙炔导管；3—氧气导管；4—氧气阀；5—喷嘴；
6—射吸管；7—混合气管；8—焊嘴

二、气焊操作

气焊工艺参数包括焊丝的型号、牌号及直径、气焊焊剂、火焰的性质及能率、焊炬的倾斜角度、焊接方向、焊接速度和接头形式等。

1. 接头形式

气焊的接头形式有对接接头、卷边接头、角接接头等，对接接头是气焊采用的主要接头形式。

2. 火焰的性质及能率

气焊火焰的性质应该根据焊件的不同材料合理选择。气焊火焰能率主要是根据每小时可燃气体（乙炔）的消耗量（L/h）来确定，而气体消耗量又取决于焊嘴的大小。焊嘴号码越大，火焰能率也越大。

3. 焊炬的倾角

在气焊过程中，焊丝与焊件表面的倾斜角一般为 30°～40°，焊丝与焊炬中心线的角度为 90°～100°，如图 5-2-7 所示。

4. 焊接方向

气焊时，按照焊炬和焊丝的移动方向不同，可分为左向焊法和右向焊法两种，如图 5-2-8 所示。

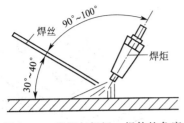

图 5-2-7　焊丝与焊炬、焊件的角度

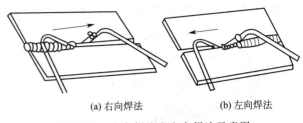

(a) 右向焊法　　　　(b) 左向焊法

图 5-2-8　右向焊法和左向焊法示意图

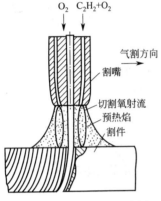

图 5-2-9　气割过程示意图

5. 焊接速度

焊接速度即单位时间内完成的焊道长度。焊接速度直接影响生产率和产品质量，根据不同产品，必须选择正确的焊接速度。在保证焊接质量的前提下，应尽量加快焊接速度，以提高生产率。

三、气割操作

气割是利用气体火焰的热能，将工件切割处预热到燃烧温度后，喷出高速气割氧流，使其燃烧并放出热量，从而实现切割的方法。切割是预热—燃烧—吹渣的过程，如图 5-2-9 所示。气割适于低碳钢和低合金钢的切割。

（一）气割设备及工具

气割设备及工具主要有：氧气瓶、乙炔瓶、液化石油气瓶、减压器、割炬（或气割机）等。气割设备及工具与气焊相比，只是割炬与焊炬的不同。手工气割时使用的是手工割炬，机械化设备使用的是气割机。

1. 割炬

割炬是手工气割的主要工具，外形如图 5-2-10 所示。

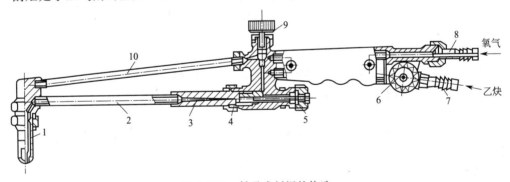

图 5-2-10　射吸式割炬的构造

1—割嘴；2—混合气管；3—射吸管；4—喷嘴；5—预热氧气调节阀；6—乙炔调节阀；
7—乙炔接头；8—氧气接头；9—切割氧气调节阀；10—切割氧气管

2. 辅助用具和防护用品

（1）辅助用具包括气割眼镜、通针、橡皮胶管、点火枪、扳手、钢丝钳、钢丝刷等。

（2）防护用品有工作服、皮手套、工作鞋、口罩、护脚等。

（二）气割工艺参数

1. 割嘴型号

割嘴型号与切割氧压力、割件厚度、氧气纯度有关。被割的割件越厚，割嘴号码相应增大，同时要选择相应大的切割氧压力。氧气纯度越低，金属氧化速度越慢，气割时间增加，氧气消耗量增大。

2. 切割速度

切割速度主要决定于切割件的厚度。厚度越大，割速越慢，反之则越快。割速太慢，会使割口边缘不齐，甚至产生局部熔化现象；割速太快，则会造成后拖量大，并使切口不光滑，甚至产生割不透的现象，如图 5-2-11 所示。

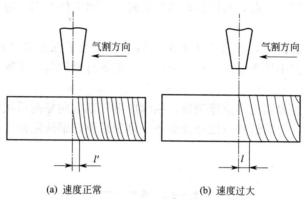

(a) 速度正常　　　　(b) 速度过大

图 5-2-11　后拖量

3. 预热火焰能率

预热火焰能率用可燃气体每小时的消耗量（L/h）表示。预热火焰能率与割件厚度有关。割件越厚，火焰能率就越大。火焰能率太大，不仅造成浪费，而且也会造成割件表面熔化及背面挂渣的现象。

4. 割嘴和割件间的倾角

割嘴和割件间的倾角直接切割速度和后拖量，割嘴与割件间的倾角大小，可按表 5-2-1 选择。

表 5-2-1　割嘴与割件倾角的选择

割件厚度/mm	<6	6～30	>30		
			起割	割穿后	停割
倾角方向	后倾	垂直	前倾	垂直	后倾
倾角度数/(°)	25～35	0	5～10	0	5～10

5. 割嘴离割件表面的距离

割嘴离割件表面距离一般为 3～5mm，但随着割件厚度的变化而变化。

【任务实施】

任务名称：中厚板的气割

任务要求：能正确选择割炬和割嘴号码；掌握中厚板直线气割的操作方法。

任务器材：氧气瓶和氧气表、乙炔瓶和乙炔表、氧气胶管、乙炔胶管、割炬（G01-100 型）、护目镜、扳手、通针、钢直尺、石笔、低碳钢板（450mm×300mm×25mm）等。

操作步骤：

(1) 划线　用钢丝刷仔细地清理除掉割件的表面鳞皮、铁锈、尘垢，在低碳钢板长度方向上每隔 20mm 划一条线，作为气割准线。

(2) 姿势　双脚呈"八"字形蹲在割件一旁，右臂靠住右膝盖，左臂悬空在两脚中间。

右手握住割炬手把，用右手拇指和食指靠住手把下面的预热氧气调节阀，以便随时调节预热火焰，一旦发生回火，就能急时切断氧气。左手的拇指和食指把住切割氧气阀开关，其余三指则平稳地托住割炬混合室，双手进行配合，掌握切割方向。进行切割时，上身不要弯得太低，还要注意平稳地呼吸，眼睛注视割嘴和割线，以保证割缝平直。

（3）火焰调节　点火后的火焰应为中性焰（氧与乙炔的混合比为1.1～1.2）。

（4）预热　气割前，应先预热起割端的棱角处，当金属预热到低于熔点的红热状态时，割嘴向切割的反方向倾斜一点，然后打开切割氧阀门。当工件全部割透后，就可以将割嘴恢复到正常位置。

（5）正常气割　起割后，即进入正常的气割阶段。为了保证割缝质量，切割速度要均匀，这是整个切割过程中最重要的一点。为此，割炬运行要均匀，割嘴与工件的距离要求尽量保持不变。

（6）停割　气割过程临近终点停割时，割嘴应沿气割方向略向后倾斜一个角度，以便使钢板的下部提前割透，使割缝在收尾处较整齐。停割后要仔细清除割口周边上的挂渣，以便后面的加工。

成绩评定：见表5-2-2。

表 5-2-2　成绩评定

序号	项目	考核技术要求		配分/分	检测工具	得分
1		割缝直线度误差	≤5mm	15	直板尺	
2		后拖量	≤2mm	15	板尺	
3		割缝宽度误差	≤2mm	15		
4	中厚板气割	姿势		15	目测	
5		火焰调节		5	目测	
6		熔边		5	目测	
7		背面挂渣		10	目测	
8		割缝表面质量		10	目测	
9	安全及其他	文明生产、安全操作		10		
合计				100		
评分标准：尺寸精度超差时扣该项全部分，其他缺陷及操作酌情减分						

项目三　其他焊接方法

【任务要求】

通过本任务的学习和训练，了解火焰钎焊、电阻焊、埋弧焊、二氧化碳保护焊、手工钨极氩弧焊的工作原理；了解火焰钎焊、电阻焊、埋弧焊、二氧化碳保护焊、手工钨极氩弧焊的所用设备工具；掌握二氧化碳保护焊、手工钨极氩弧焊的基本方法。

【知识内容】

一、火焰钎焊

火焰钎焊，使用可燃气体与氧气（或压缩空气）混合燃烧的火焰进行加热的钎焊。分火焰硬钎焊和火焰软钎焊。火焰钎焊，用可燃气体与氧气或压缩空气混合燃烧的火焰作为热源进行焊接。火焰钎焊设备简单、操作方便，根据工件形状可用多火焰同时加热焊接。这种方法适用于自行车、电动车架、铝水壶嘴等中、小件的焊接。

1. 钎焊接头形式

常用的接头形式有搭接接头、套接接头、丁字接头、卷边接头等。这些接头接触面积大，承受较大的作用力。对接接头强度低，斜接接头制作复杂一般很少用。

2. 钎焊接头预留间隙的选择

为了获得优质的钎焊接头，钎焊间隙应适中。间隙过小或过大都会影响毛细管作用，使钎缝强度降低，同时钎缝过大也使钎料消耗过多。不同的钎料钎焊不同焊件金属预留间隙的大。

3. 焊前清理

焊件表面的油污可用汽油、四氯化碳等有机溶液清洗，并在 60～80℃ 的热水中冲刷。如焊件表面有较多的锈及氧化铁时可用机械方法，如锉刀、砂布、砂轮或喷砂等清理，也可用酸洗的方法清理。经常采用的酸洗溶液有硫酸、盐酸、氢氟酸及其混合物的水溶液。酸洗后应用热水冲刷并干燥。

4. 氧-乙炔火焰钎焊操作要点

（1）先用轻微碳化焰的外焰加热工件，焰芯距焊件表面 15～20mm 左右。

（2）待工件加热到钎料接近熔化的温度时，将熔剂涂于焊件接头处，并用外焰加热使其熔化。

（3）待熔剂均匀熔化后，立即将钎料与被加热到高温的焊件接触，并使其熔化渗入接头的间隙中，切不可只用火焰熔化钎料或滴状滴入钎缝中。当钎料流入间隙后为不使其过热，火焰焰芯与工件距离应加大到 35～40mm，钎焊温度应高于钎料熔点 30～50℃。适当提高钎焊温度有助于基体金属与钎料之间相互溶解，但过高会引起钎焊接头过烧，同时应适当控制加热持续的时间。

（4）钎焊黄铜焊件时，应使钎料确实凝固后再移动焊件。

（5）焊后应及时清洗残留的熔剂和熔渣，防止产生腐蚀。

二、电阻焊

电阻焊是指焊件组合后，通过电极施加压力，利用电流通过焊件接头的接触面及邻近区域时产生的电阻热进行焊接的方法。

（一）电阻焊特点及应用

电阻焊的主要特点是生产率高，焊接变形小，劳动条件好，操作方便，易于实现自动化。但电阻焊设备复杂，投资大，耗电量大。适用的接头形式与工件厚度受到一定限制。电阻焊主要适用于成批大量生产，目前已在航空、航天、汽车工业、家用电器等领域得到广泛应用。

（二）电阻焊的分类

电阻焊通常分为点焊、缝焊和对焊三种，如图 5-3-1 所示。

1. 点焊

点焊是将焊件装配成搭接接头，并压紧在两个柱状电极之间，利用电阻热熔化母材，形成焊点的电阻焊方法，即电阻点焊。点焊主要适用于厚度在 4mm 以下薄板结构及钢筋的焊接。

2. 缝焊

缝焊过程与点焊相似，只是以盘状滚动电极代替了柱状电极。焊接时，盘状电极边焊边滚，配合断续送电，形成连续重叠的焊点。缝焊的焊缝具有良好的密封性。缝焊主要适用于厚度在 3mm 以下，有密封性要求的容器和管道等。

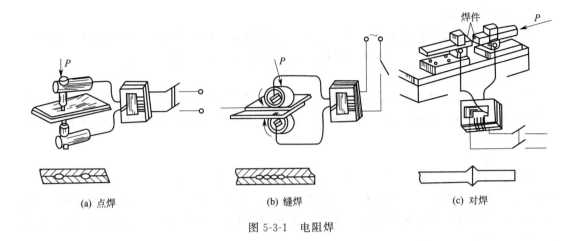

(a) 点焊　　　　　　　　　(b) 缝焊　　　　　　　　　(c) 对焊

图 5-3-1　电阻焊

3. 对焊

对焊是对接电阻焊，即把两焊件装配成对接接头，使其端面紧密接触，利用电阻热加热至热塑性状态，然后迅速施加顶锻力完成焊接的方法。分为电阻对焊和闪光对焊两种。

（1）电阻对焊。电阻对焊的焊接过程是：预压—通电—顶锻—断电—去压。电阻对焊只适合于焊截面形状简单、直径小于 20mm 和强度要求不高的焊件。

（2）闪光对焊。闪光对焊的焊接过程是：通电—闪光加热—顶锻—断电—去压。由于焊件表面不平，接触点少，其电流密度很大，接触点金属迅速达到熔化、蒸发、爆破，火花从焊接处飞射出来，形成"闪光"。闪光对焊接头质量高，常用于重要零件的焊接，如锚链、自行车和钢轨等。

三、埋弧焊

埋弧焊是电弧在颗粒状焊剂层下燃烧的一种焊接方法。焊接时，引燃电弧、送丝、电弧移动及焊缝收尾等过程全由机械自动完成。现已广泛用于锅炉、压力容器、石油化工、船舶、桥梁及机械制造工业中。

（一）埋弧焊的焊接过程

焊接时，在焊件被焊处覆盖一层 30～50mm 厚的粒状焊剂，连续送进的焊丝在焊剂层下与焊件间产生电弧，电弧的热量使焊丝、焊件和焊剂熔化形成金属熔池和熔渣，液态熔渣形成的包膜包围着电弧与熔池，使它们与空气隔绝。随着焊机自动向前移动，电弧不断熔化前方的焊件焊丝及焊剂，而熔化金属在电弧离开后冷却凝固形成焊缝，液态熔渣也随后冷凝形成渣壳，埋弧焊原理如图 5-3-2 所示。

（二）埋弧焊的特点

埋弧焊与焊条电弧焊相比有以下优点。

（1）生产率高。在焊丝与焊条直径相同的情况下，埋弧焊使用的焊接电流比焊条电弧焊大 3～5 倍，因此热效率高、熔深大，其效率是焊条电弧焊的 4～5 倍。

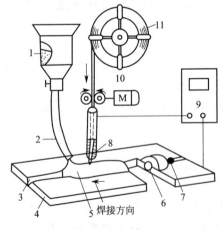

图 5-3-2　埋弧焊原理示意图

1—焊剂漏斗；2—软管；3—坡口；4—焊件；
5—焊剂；6—熔敷金属；7—渣壳；8—导电嘴；
9—电源；10—送丝机构；11—焊丝

（2）焊缝质量好。熔池及焊缝金属保护良好，且焊接参数可自动调节，焊接参数稳定，故焊接质量好，焊缝成形美观。

（3）劳动条件好。没有强烈的弧光辐射，劳动强度明显优于焊条电弧焊。

其缺点是：没有焊条电弧焊灵活，且适应性较差，一般只适于水平位置或倾斜度不大的直焊缝和环焊缝；由于是埋弧操作，看不到熔池和焊缝形成过程，因此必须严格控制焊接参数。埋弧焊适用于低碳钢、低合金钢、不锈钢等金属材料中厚板的长、直焊缝和较大直径的环焊缝的焊接。

（三）埋弧焊设备

埋弧焊设备一般由焊接电源、焊接小车和控制箱三部分组成，如图5-3-3所示。

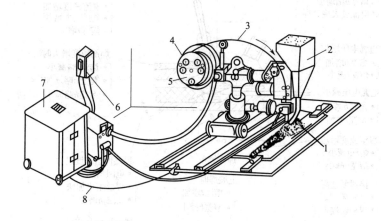

图 5-3-3　埋弧自动焊设备

1—焊剂；2—焊剂漏斗；3—焊丝；4—焊丝盘；5—操纵盘；
6—电源；7—控制箱；8—焊接电源

（四）焊接材料

埋弧焊的焊接材料包括焊丝和焊剂，其作用与焊条电弧焊的焊条和焊条药皮类似。焊丝按成分和用途分主要有碳素结构钢、合金结构钢、不锈钢等焊丝。焊剂有熔炼焊剂和非熔炼焊剂两大类，目前多使用熔炼焊剂。

埋弧自动焊时，必须根据焊件的化学成分、焊件厚度、接头形式、坡口尺寸及工作条件等因素选择焊丝和焊剂，如 HJ431、HJ430 配 H08A 或 H08MnA 焊丝。

（五）埋弧焊工艺

埋弧焊的焊接工艺参数主要有焊接电流、电弧电压、焊接速度、焊丝直径等，它们对焊接质量的影响如图5-3-4所示。

四、二氧化碳保护焊

CO_2 气体保护焊是利用 CO_2 气体作为保护气体的一种熔化极气体保护电弧焊方法。CO_2 气体保护焊具有焊接成本低、生产率高、焊接质量好、焊接应力与变形小、适用范围广等优点。

（一）CO_2 气体保护焊设备

CO_2 气体保护焊按操作方式可分为 CO_2 半自动焊和 CO_2 自动焊。CO_2 半自动焊适于全位置焊、不规则焊和短道焊，故应用广。

CO_2 半自动焊设备主要由焊接电源、送丝机构、焊枪、供气系统和控制系统等部分组成，如图5-3-5所示。

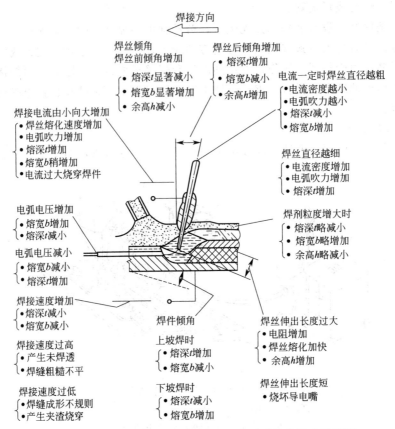

图 5-3-4　焊接工艺参数对焊接质量和焊缝形状的影响示意图

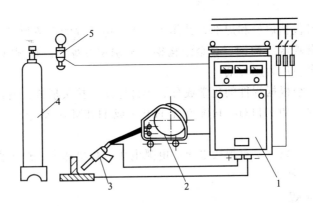

图 5-3-5　CO_2 气体保护半自动焊机系统示意图

1—焊接电源；2—送丝机构；3—焊枪；4—气瓶；5—减压流量调节器

1. 焊接电源

CO_2 气体保护焊采用交流电源焊接时，电弧不稳定，飞溅大，所以，必须使用直流电源。通常选用平外特性的弧焊整流器。CO_2 气体保护焊焊接电源外形如图 5-3-6 所示。

2. 送丝机构

送丝机构由电动机、减速器、矫直轮和送丝轮、送丝软管、焊丝盘等组成。送丝方法主要有拉丝式、推丝式和推拉式三种。常用的 CO_2 气体保护半自动焊机送丝形式是推丝式，如图 5-3-7 所示。

3. 焊枪

焊枪根据送丝方式不同分为拉丝式和推丝式两种。

拉丝式焊枪送丝均匀稳定，活动范围大，但因焊丝盘装在焊枪上，结构复杂且笨重，只能使用直径为 0.5～0.8mm 的焊丝。

推丝式焊枪按焊枪形状不同，可分为两种：手枪式焊枪和鹅颈式焊枪。鹅颈式焊枪枪体轻便，应用较为广泛，如图 5-3-8 所示。

图 5-3-6　NBC-500 型 CO_2 气体保护焊焊接电源

4. 供气系统

供气系统包括 CO_2 气瓶、预热器、减压流量调节器及气阀等。

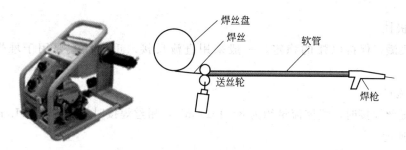

图 5-3-7　推丝式送丝机及送丝示意图

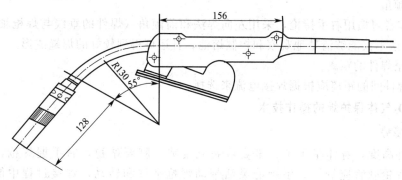

图 5-3-8　鹅颈式焊枪

5. 控制系统

控制系统在 CO_2 半自动气体保护焊过程中对焊接电源、供气系统、送丝系统实现程序控制。

（二）焊接工艺参数

CO_2 气体保护焊的焊接工艺参数主要包括焊丝直径、焊接电流、电弧电压、焊丝伸出长度、电源极性、气体流量和焊接速度等。部分参数选择见表 5-3-1。

表 5-3-1　CO_2 气体保护焊的焊接工艺参数的选择

焊丝直径 /mm	焊件厚度 /mm	焊接电流 /A	电弧电压 /V	焊接速度 /(mm/min)	气体流量 /(L/min)
0.8	1.0～2.5	60～150	17～20	约 40	10～15
1.0	1.2～6	90～250	19～23	35～50	10～20
1.2	2.0～10	120～350	23～35	30～40	15～20
1.6	>6	350～500	35～42	50～60	15～20

1. 焊丝直径

焊条直径是根据焊件厚度、施焊位置及生产率的要求来选择的。中厚板多采用直径 1.2mm 以上焊丝。

2. 焊接电流

焊接电流应根据焊件厚度、焊丝直径、施焊位置及熔滴过渡形式来确定。

3. 电弧电压

为了保证焊接过程的稳定性和良好的焊缝成形，电弧电压必须与焊接电流配合适当。

4. 焊丝伸出长度

焊丝伸出长度是指从导电嘴到焊丝端部的距离，一般约等于焊丝直径的 10 倍，且不超过 15mm。

5. 电源极性

为减少飞溅，保持电弧的稳定，一般采用直流反接。正极性主要用于堆焊、铸铁补焊等。

6. 气体流量

通常在细丝焊接时，气体流量约为 8～15L/min，粗丝焊接时约为 15～15L/min。

7. 焊接速度

一般 CO_2 半自动焊的焊接速度为 15～40m/h。

8. 焊枪倾角

通常操作者习惯用右手持枪，采用左向焊法和前倾角（焊件的垂线与焊枪轴线的夹角）10°～15°，此法不仅能够清楚地观察和控制熔池，且还可得到较好的焊缝成形。

9. 喷嘴至焊件的距离

喷嘴与焊件间的距离应根据焊接电流来选择。

（三）CO_2 气体保护焊的操作技术

1. 持枪姿势

根据焊件高度，身体呈下蹲、坐姿或站立姿势，脚要站稳，右手握焊枪，手臂处于自然状态，焊枪软管应舒展，手腕能灵活带动焊枪平移和转动，焊接过程中能维持焊枪倾角不变，并可方便地观察熔池。如图 5-3-9 所示为焊接不同位置焊缝时的正确持枪姿势。

(a) 下蹲平焊　　　(b) 坐姿平焊　　　(c) 站立平焊　　　(d) 站立立焊　　　(e) 站立仰焊

图 5-3-9　正确持枪姿势

2. 焊枪的摆动方法

常用的摆动方法有锯齿形、月牙形、反月牙形、斜圆圈形摆动法等几种，见表 5-3-2。

表 5-3-2　焊枪的摆动方法及适用范围

摆动方法	摆动形式	适用范围
直线形运丝法	⟶	焊接薄板或中厚板打底层焊道
小锯齿形摆动法	∿∿∿∿	焊接较小坡口或中厚板打底层焊道
锯齿形摆动法	∿∿∿	焊接厚板多层堆焊
斜圆圈形摆动法	ℓℓℓℓ	横角焊缝的焊接
双圆圈形摆动法	⌒⌒⌒⌒	较大坡口的焊接
直线往复运丝法	⟷⟷⟷	薄板根部有间隙的焊接
反月牙形摆动法	⌇⌇⌇	焊接间隙较大焊件或从上往下立焊

3. 引弧

具体操作方法如下。

（1）引弧前先按焊枪上的控制开关，点动送出一段焊丝接近焊丝伸出长度，超长部分应剪去。

（2）将焊枪按合适的倾角和喷嘴高度放在引弧处，此时焊丝端部与焊件未接触，保持 2～3mm 距离。

（3）按动焊枪开关，焊丝与焊件接触短路，焊枪会自动顶起，要稍用力压住焊枪，瞬间引燃电弧后移向焊接处，待金属熔化后进行正常的焊接。

4. 收弧

一条焊道焊完后或中断焊接，必须收弧。焊机没有电流衰减装置时，焊枪在弧坑处停留一下，并在熔池未凝固前，间断短路 2～3 次，待熔滴填满弧坑时断电；若焊机有电流衰减装置时，焊枪在弧坑处停止前进，启动开关用衰减电流将弧坑填满，然后熄弧。

5. 接头

焊缝连接时接头好坏会直接影响焊缝质量，接头方法如图 5-3-10 所示。

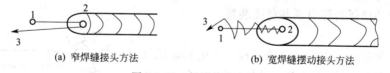

(a) 窄焊缝接头方法　　　　　(b) 宽焊缝摆动接头方法

图 5-3-10　焊缝接头方法

6. 焊枪的运动方向

焊枪的运动方向有左向焊法和右向焊法两种，如图 5-3-11 所示。一般 CO_2 焊多数情况下采用左向焊法，前倾角为 10°～15°。

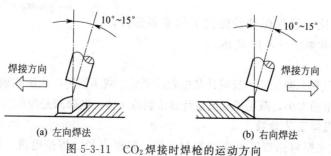

(a) 左向焊法　　　　　　　(b) 右向焊法

图 5-3-11　CO_2 焊接时焊枪的运动方向

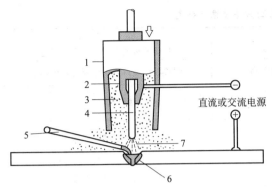

图 5-3-12　钨极氩弧焊原理示意图
1—喷嘴；2—钨极夹头；3—保护气体；4—钨极；
5—填充金属；6—焊缝金属；7—电弧

五、手工钨极氩弧焊

（一）钨极氩弧焊原理

钨极氩弧焊是用钨极作电极，利用从喷嘴流出的氩气在电弧及焊接熔池周围形成连续封闭的气流，保护钨极、焊丝和焊接熔池不被氧化的一种手工操作的气体保护电弧焊，简称 TIG 焊，如图 5-3-12 所示。钨极氩弧焊由于功率小，只适用于焊件厚度小于 6mm 的焊件焊接。

（二）钨极氩弧焊设备

钨极氩弧焊设备包括焊接电源、焊枪、供气系统、冷却系统、控制系统等部分，如图 5-3-13 所示。

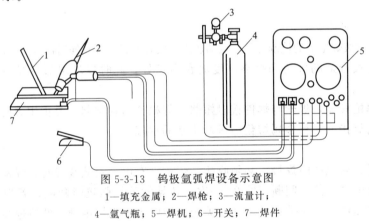

图 5-3-13　钨极氩弧焊设备示意图
1—填充金属；2—焊枪；3—流量计；
4—氩气瓶；5—焊机；6—开关；7—焊件

1. 焊接电源

应选用具有陡降外特性的电源，由于氩气电离困难，所以钨极氩弧焊焊接电源必须带有高频振荡和脉冲稳弧器等引弧和稳弧装置。

2. 焊枪

钨极氩弧焊焊枪的作用是夹持电极、导电和输送氩气流。氩弧焊焊枪分为气冷式（焊接电流＜150A）和水冷式。

焊枪一般由钨极、枪体、喷嘴、电极夹头、电极帽、手柄和控制开关组成。典型的气冷式钨极氩弧焊焊枪如图5-3-14所示。

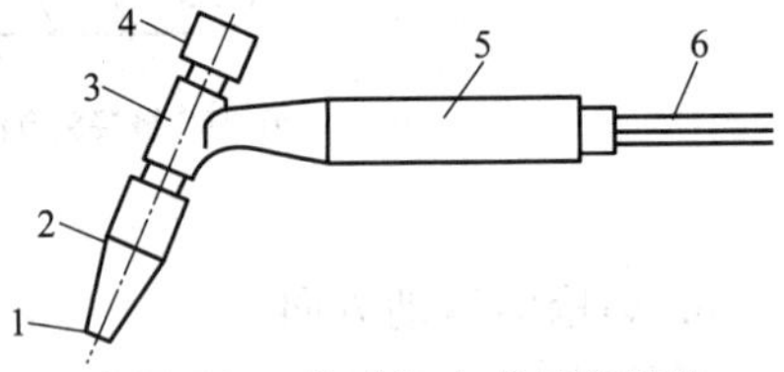

图 5-3-14　典型气冷式氩弧焊枪
1—钨极；2—喷嘴；3—枪体；
4—电极帽；5—手柄；6—电缆

焊枪的喷嘴是决定氩气保护性能优劣的重要部件，常见的喷嘴出口形状如图 5-3-15 所示。

3. 供气系统

供气系统由氩气瓶、减压器、流量计和电磁阀组成。减压器用以加压和调压。流量计是用来调节和测量氩气流量的大小，减压器和流量计通常制成一体。电磁阀是控制气体通断的装置。

（三）钨极氩弧焊工艺参数

焊接工艺参数主要包括焊接电源种类和极性、钨极直径、焊接电流、电弧电压、氩气流量、焊接速度、喷嘴直径、钨极伸出长度及喷嘴至焊件距离。

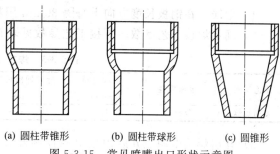

(a) 圆柱带锥形　　　(b) 圆柱带球形　　　(c) 圆锥形

图 5-3-15　常见喷嘴出口形状示意图

1. 焊接电源种类和极性

采用直流正接时，焊件接正极，温度较高，适于焊接厚焊件及散热快的金属。直流反接时，具有"阴极破碎作用"，但钨极接正极烧损大，所以钨极氩弧焊很少采用。采用交流钨极氩弧焊时，阴极有去除氧化膜的破碎作用，解决焊接氧化性强的铝、镁及其合金的难题。

2. 钨极直径

钨极直径是根据焊件厚度、电源极性和焊接电流来选择。如果钨极直径选择不当，将造成电弧不稳，钨极烧损严重和焊缝夹钨。

3. 焊接电流

焊接电流是最重要的工艺参数，主要根据焊件厚度、材质和接头空间位置来选择。过小时，钨极端部电弧偏移，此时电弧飘动；过大时，钨极端部易熔化，形成夹钨等缺陷，并且电弧不稳，焊接质量差。

4. 电弧电压

电弧电压由弧长决定，弧长增加，焊缝宽度增加，熔深减少，气体保护效果随之变差，甚至产生焊接缺陷，因此，应尽量采用短弧焊。

5. 氩气流量

当焊接速度、弧长、喷嘴直径、钨极伸出长度增加时，气体流量应相应增加。在生产实践中，孔径在 12～20mm 的喷嘴，最佳氩气流量范围为 8～16L/min。

6. 焊接速度

氩气保护是柔性的，若焊接速度过快，则氩气气流会受到弯曲，保护效果减弱。

7. 喷嘴直径

增大喷嘴直径的同时，应增加气体流量，此时保护区大，保护效果好。但喷嘴过大时，氩气的消耗增加。因此，常用的喷嘴直径一般为 8～20mm。

8. 钨极伸出长度

钨极伸出长度一般以 3～4mm 为宜。如果伸出长度增加，喷嘴距焊件的距离增大，氩气保护效果也会受到影响。

9. 喷嘴至焊件距离

喷嘴至焊件距离一般为 8～12mm。这个距离是否合适，可通过测定氩气有效保护区域的直径来判断。

【任务实施】

任务名称： CO_2 气体保护焊对接平焊

任务要求： 熟悉 CO_2 气体保护焊操作要领；掌握 CO_2 气体保护焊的基本操作技能。

任务器材： NBC-400 型 CO_2 气体保护半自动焊机、Q235 钢板规格为 300mm×120mm×8mm、H08Mn2SiA 焊丝、CO_2 气瓶、焊接检验尺、钢直尺、粉笔、钢丝刷、钢丝钳、面罩等。

操作步骤：

（1）划线　在钢板长度方向上每隔30mm用粉笔划一条线，作为焊接时的运丝轨迹。

（2）确定焊接工艺参数　焊接工艺参数见表5-3-3。

表 5-3-3　焊接工艺参数

焊道层次	电源极性	焊丝直径 /mm	焊丝伸出长度 /mm	焊接电流 /A	电弧电压 /V	气体流量 /(L/min)
表面焊缝	反极性	1.0	10～15	120～130	17～18	8～10

（3）开启焊接电源　开启焊接电源控制开关及预热器开关，预热器升温。打开 CO_2 气瓶并合上检测气流开关，调节 CO_2 气体流量值，然后断开检测气流开关。在送丝机构上安装焊丝，焊丝伸出长度应距喷嘴约10mm。

（4）选择空载电压值　合上焊接电源控制面板上的空载电压检测开关，选择空载电压值，调节完毕，断开检测开关，此时焊接电源进入准备焊接状态。

（5）焊接

① 直线焊接：采取左向焊法，引弧前在距焊件端部5～10mm处保持焊丝端头与焊件2～3mm的距离，喷嘴与焊件间保持10～15mm的距离，按动焊枪开关用直接短路法引燃电弧，然后将电弧稍微拉长些，以此对焊缝端部适当预热，然后再压低电弧进行起始端焊接，起始端运丝法如图5-3-16所示。焊枪以直线形运丝法匀速向前焊接，并控制整条焊缝宽度和直线度，直至焊至终端，填满弧坑进行收弧。

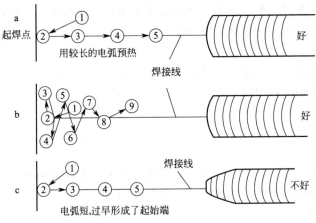

图 5-3-16　起始端运丝法对焊缝成形的影响
a—长弧预热起焊的直线焊接；b—长弧预热起焊的摆动焊接；c—短弧起焊的直线焊接

② 摆动焊接：采用左向焊法 。焊接时采用锯齿形摆动，横向运丝角度和起始焊的运丝要领与直线焊接相同。在横向摆动运丝时要掌握的要领是：左右摆动的幅度要一致，摆动到焊缝中心时速度要稍快，而到两侧时，要稍作停顿；摆动的幅度不能过大，否则，熔池温度高的部分不能得到良好的保护作用。一般摆动幅度限制在喷嘴内径的1.5倍范围内。

在焊件上进行多条焊缝的直线焊接和摆动焊接的反复训练，从而掌握 CO_2 气体保护焊的基本操作技能。

（6）关闭焊机

① 松开焊枪扳机，焊机停止送丝，电弧熄灭，滞后2～3s断气，操作结束。

② 关闭气源、预热器开关和控制电源开关，关闭总电源，最后将焊接电源整理好。

成绩评定：见表 5-3-4。

表 5-3-4 成绩评定

序号	项 目	考核技术要求		配分/分	检测工具	得分
1	焊缝外观质量	焊缝余高 h	$0{\leqslant}h{\leqslant}3mm$	10	焊接检验尺	
2		焊缝余高差 Δh	$0{\leqslant}\Delta h{\leqslant}2mm$	15	焊接检验尺	
3		焊缝宽度 c	$8{\leqslant}c{\leqslant}10mm$	15	焊接检验尺	
4		焊缝边缘直线度误差	$\leqslant2mm$	15	焊接检验尺	
5		焊后角变形	$\leqslant3°$	5	角度尺	
6		咬边	缺陷深度$\leqslant0.5mm$	5	焊接检验尺	
7		焊瘤	无	5	目测	
8		气孔	无	5	目测	
9		焊缝表面波纹细腻、均匀、成形美观		10	目测	
10		焊接姿势与动作		5	目测	
11	安全及其他	文明生产、安全操作		10		
	合计			100		
评分标准：尺寸精度超差时扣该项全部分，出现不允许缺陷不得分						

第六单元　数控车削基本操作

教 学 要 求

知识目标：

    ★认识数控机床，掌握数控机床基本知识；

    ★熟悉数控编程语言与规则，掌握数控车基本指令，学会简单数控车程序的编写；

    ★熟悉数控车床的面板与操作。

能力目标：

    ★认识数控机床；

    ★认识数控车床面板；

    ★能手动操作数控车床与试切削；

    ★会数控车床程序输入与编辑；

    ★了解数控车床安全操作规程、日常维护及保养。

    数控车床是用计算机数字化信号控制的机床。操作时将编好的加工程序输入到机床专用的计算机中，再由计算机指挥机床各坐标轴的伺服电机去控制车床各部件运动的先后顺序、速度和移动量，并与选定的主轴转速相配合，车削出形状不同的工件。数控车床上零件的加工过程如图 6-0-1 所示。

图 6-0-1　数控车床上零件加工过程

    数控车床是目前使用最广泛的数控机床之一。图 6-0-2 所示为卧式数控车床。数控车床主要用于加工轴类、盘类等回转体零件。通过数控加工程序的运行，可自动控制完成内外圆柱面、圆锥面、成形表面、螺纹和端面等工序的切削加工，并能进行车槽、钻孔、扩孔、铰孔等工作。

一、各种功能的数控车床

    随着数控机床制造技术的不断发展，为了满足不同用户的加工需要，数控车床的品种规格繁多，功能越来越强，从数控系统控制功能看，数控车床可分为以下几类。

图 6-0-2　卧式数控车床

1. 经济型数控车床

早期的经济型数控车床是在普通车床基础上改造而来，功能较简单；现在的经济型数控车床功能有了较大的提高。出于经济因素考虑，经济型数控车床并不过于追求先进的功能，与全功能型数控车床相比，其主运动、进给伺服控制相对简单，数控系统档次较低，主体刚度及制造精度较全功能型数控车床低，结构简单，功能较少。

2. 全功能型数控车床

全功能型数控车床一般采用交、直流伺服电机驱动形成闭环或半闭环控制系统，主电机一般采用交流伺服电机。具有 CRT 图形显示、人机对话、自诊断等功能。具有高刚度、高精度和高效率等优点。

3. 车削中心

车削中心是以全功能型数控车床为主体，并配置刀库、换刀装置、分度装置、铣削动力头和机械手等，可实现多工序复合加工的机床。车削中心与数控车床的主要区别是车削中心具有动力刀架和 C 轴功能，可在一次装夹中完成更多的加工工序，提高加工精度和生产效率。

4. FMC 车床

FMC 车床是一种由数控车床、机械手或机器人等构成的柔性加工单元。它能实现工件搬运、装卸的自动化和加工调整准备的自动化。

5. 立、卧式数控车床

数控车床有立、卧式之分，数控卧式车床应用更为普遍。

（1）卧式数控车床　卧式数控车床的主轴轴线处于水平位置，它的床身和导轨有多种布局形式，是应用最广泛的数控车床。如图 6-0-2 所示的卧式数控车床。

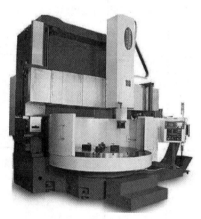

图 6-0-3　立式数控车床

（2）立式数控车床　立式数控车床的主轴垂直于水平面，并有一个直径很大的圆形工作台，供装夹工件用。这类数控机床主要用于加工径向尺寸较大、轴向尺寸较小的大型复杂零件。如图 6-0-3 所示的立式数控车床。

二、数控车床组成（见表 6-0-1）

表 6-0-1　数控车床的组成部分

序号	组成部分	说　　明	图　　例
1	车床主体	目前大部分车床均已专门设计并定型生产，包括主轴箱、床身、导轨、刀架、尾座及进给机构等	主轴　刀架　尾座　主轴箱　变速开关　导轨　防护罩　冷却泵　床身

续表

序号	组成部分	说　明	图　例
2	控制部分	它是数控车床的控制核心,由各种数控系统完成对数控车床的控制	 数控系统
3	驱动部分	驱动部分是数控车床执行机构的驱动部件,包括主轴电动机和进给伺服电机	 主轴电频电机 伺服电机
4	辅助部分	它是数控车床的一些配套部件,包括液压装置、冷却系统、润滑系统、自动清屑器等	 冷却系统 润滑系统

三、数控车床加工特点（见表 6-0-2）

表 6-0-2　数控车床加工特点

序号	特　点	说　明
1	能加工复杂型面	数控车床因能实现两坐标轴联动,所以容易实现许多普通车床难以完成或无法加工的曲线、曲面构成的回转体加工及非标准螺距螺纹、变螺距螺纹加工
2	具有高度柔性	使用数控车床,当加工的零件改变时,只需要重新编写(或修改)数控加工程序即可实现对新零件的加工;不需要重新设计模具、夹具等工艺装备,对多品种、小批量零件的生产,适应性强
3	加工精度高、质量稳定	数控车床按照预定的加工程序自动加工工件,加工过程中消除了操作者人为的操作误差,能保证零件加工质量的一致性,而且还可以利用反馈系统进行校正及补偿加工精度,因此可以获得比机床本身精度还要高的加工精度及重复精度
4	自动化程度高、工人劳动强度低	数控车床上加工零件时,操作者除了输入程序、装卸工件、对刀、关键工序的中间检测等,不需要进行其它复杂手工操作,劳动强度和紧张程度均大为减轻,此外,机床上一般都具有较好的安全防护、自动排屑、自动冷却等装置,操作者的劳动条件也大为改善

序号	特　点	说　明
5	生产效率高	数控车床结构刚性好,主轴转速高,可以进行大切削用量的强力切削;此外,机床移动部件的空行程运动速度快,加工时所需的切削时间和辅助时间均比普通机床少,生产效率比普通机床高2～3倍;加工形状复杂的零件,生产效率可高达十几倍到几十倍
6	经济效益高	单件、小批生产情况下,使用数控车床可以减少划线、调整、检验时间而减少生产费用。节省工艺装备,减少装备费用等而获得良好的经济效益。此外,加工精度稳定减少了废品率。数控机床还可实现一机多用,节省厂房、节省建厂投资等
7	有利于生产管理的现代化	用数控车床加工零件,能准确地计算零件的加工工时,有效地简化了检验和工夹具、半成品的管理工作。其加工及操作均使用数字信息与标准代码输入,最适于与计算机联系,目前已成为计算机辅助设计、制造及管理一体化的基础

　　数控车床与普通车床一样主要用于轴类、盘类等回转体零件的加工,如完成各种内、外圆柱面、圆锥面、圆柱螺纹、圆锥螺纹、切槽、钻扩、铰孔等工序的加工;还可以完成普通车床上不能完成的圆弧、各种非圆曲面构成的回转面、非标准螺纹、变螺距螺纹等表面加工。数控车床特别适合于复杂形状的零件或中、小批量零件的加工。

项目一　数控车床的基本操作

【任务要求】

　　数控机床的主要工作是按编制的程序进行自动加工,但在自动加工前,要通过手动操作来进行一些准备工作,如回零、对刀等。在自动加工过程中,根据实际情况也需要进行一些手动调整工作,如调头加工和断点加工前位置确定等。因此,手动操作是数控机床操作的基础项目。

【知识内容】

一、认识数控车床操作面板

（一）FANUC Oi-Mate 数控系统的面板介绍（图 6-1-1）

图 6-1-1　CRT 显示器及系统操作面板

　　① CRT 显示器：人机对话窗口,用于显示程序、机床运行状态、各种运行参数及信

息等。

②MDI 键盘：如图 6-1-2 所示。

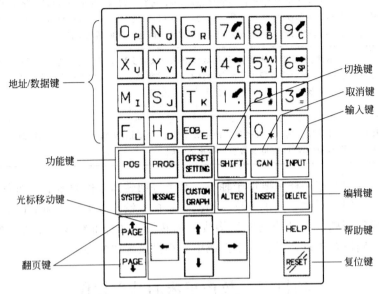

图 6-1-2　MDI 键盘

MDI 键盘的具体功能见表 6-1-1。

表 6-1-1　MDI 键盘功能说明

序号	名　称	功　能　说　明
1	复位键	按下这个键可以使 CNC 复位或者取消报警等
2	帮助键	当对 MDI 键的操作不明白时，按下这个键可以获得帮助
3	软键	根据不同的画面，软键有不同的功能。软键功能显示在屏幕的底端
4	地址和数字键	按下这些键可以输入字母，数字或者其它字符
5	切换键	在键盘上的某些键具有两个功能。按下＜SHIFT＞键可以在这两个功能之间进行切换
6	输入键	当按下一个字母键或者数字键时，再按该键数据被输入到缓冲区，并且显示在屏幕上。要将输入缓冲区的数据拷贝到偏置寄存器中等，请按下该键。这个键与软键中的 [INPUT] 键是等效的
7	取消键	取消键，用于删除最后一个进入输入缓存区的字符或符号

序号	名　称	功　能　说　明
8	编辑键 ALTER、INSERT、DELETE	ALTER：替换键 INSERT：插入键 DELETE：删除键
9	功能键 POS PROG OFFSET SETTING SYSTEM MESSAGE CUSTOM GRAPH	按下这些键，切换不同功能的显示屏幕
10	光标移动键	有四种不同的光标移动键： → 这个键用于将光标向右或者向前移动 ← 这个键用于将光标向左或者往回移动 ↓ 这个键用于将光标向下或者向前移动 ↑ 这个键用于将光标向上或者往回移动
11	翻页键 PAGE↑ PAGE↓	有两个翻页键： PAGE↑ 该键用于将屏幕显示的页面往前翻页 PAGE↓ 该键用于将屏幕显示的页面往后翻页

③ 功能键：功能键用来选择将要显示的屏幕画面。按下功能键之后再按下与屏幕文字相对的软键，就可以选择与所选功能相关的屏幕。其具体功能如下。

POS：按下这一键以显示位置屏幕。

PROG：按下这一键以显示程序屏幕。

OFFSET SETTING：按下这一键以显示偏置/设置（SETTING）屏幕。

SYSTEM：按下这一键以显示系统屏幕。

SYSTEM：按下这一键以显示信息屏幕。

MESSAGE：按下这一键以显示用户宏屏幕。

（二）FANUC Oi-Mate 数控机床操作面板介绍（图 6-1-3）

图 6-1-3　机床操作面板

1. 车床控制面板功能键及其主要作用

① 进给倍率开关（修调程序中 F 值及点动进给速度）；

② 急停按钮（关闭所有的运行及操作）；

③ 循环启动按钮（自动运行程序的启动按钮）；

④ 进给保持按钮（运行中有问题按下此键）；

⑤ 数控系统上电按钮；

⑥ 数控系统断电按钮；

⑦ 编辑方式按键（在此方式下可进行程序的输入、删除、修改等）；

⑧ 手动数据输入按键（键入 MDI 程序）；

⑨ 自动方式按键（自动运行程序）；

⑩ 手动方式按键（手动运行）；

⑪ 手摇脉冲方式按键（运行脉冲手轮进给）；

⑫ 返回参考点方式按键；

⑬ 手摇脉冲单位设置按键（0.001mm/G00 速度 F0）；

⑭ 手摇脉冲单位设置按键（0.01mm/G00 速度倍率 25%）；

⑮ 手摇脉冲单位设置按键（0.1mm/G00 速度倍率 50%）；

⑯ 手摇脉冲单位设置按键（G00 速度倍率 100%）；

⑰ X 轴手摇脉冲进给按键（X 轴脉冲进给配合手轮使用）；

⑱ Z 轴手摇脉冲进给按键（Z 轴脉冲进给配合手轮使用）；

⑲ 机床进给锁住按键（锁住机床进给）；

⑳ 空运转按键（快速校验程序）；

㉑ 程序段跳过按键（程序中有程序跳跃符时使用该键才有效）；

㉒ 单段运行程序按键（按程序段执行加工程序）；

㉓ 程序选择停按键（程序中有 M01 指令时使用该键才有效）；

㉔ X 轴参考点指示（灯亮 X 轴成功返回参考点）；

㉕ Z 轴参考点指示（灯亮 Z 轴成功返回参考点）；

㉖ X 轴负向进给按键（刀具运行速度由进给倍率控制）；

㉗ X 轴正向进给按键（刀具运行速度由进给倍率控制）；

㉘ Z 轴负向进给按键（刀具运行速度由进给倍率控制）；

㉙ Z 轴正向进给按键（刀具运行速度由进给倍率控制）；

㉚ 手动快速进给按键（刀具运行速度由 G00 进给倍率控制）；

㉛ 液压系统启动停止按键（适用于带液压设备的机床）；

㉜ 手动主轴降速按键（主轴速度下降）；

㉝ 手动主轴升速按键（主轴速度提升）；

㉞ （左）主轴速度挡位显示；（右）当前刀号显示；

㉟ 尾座前进后退按键（适用于带液压设备的机床）；

㊱ 手动主轴停止按键；

㊲ 手动主轴点动按键；

㊳ 手动润滑开关按键（按下此键可随时润滑机床）；

㊴ 卡盘卡紧松开按键（适用于带液压设备的机床）；

㊵ 手动主轴正转按键（按下此键主轴正转）；

㊶ 手动主轴反转按键（按下此键主轴反转）；

㊷ 手动冷却液开关按键（按下此键可随时打开、关闭冷却液）；

㊸ 手动选刀按键（手动状态下按此键可任选刀号致加工位置）。

2. 软键与功能键（图 6-1-4）

功能键用于选择显示的屏幕类型，最左侧带有向左箭头的软键为菜单返回键，最右侧带有向右箭头的软键为菜单继续键。

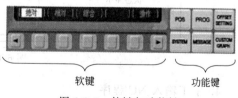

图 6-1-4　软键与功能键

（1）在 MDI 面板上按功能键，则显示与该功能相对应的选择软键。

（2）按其中一个选择软键，与所选的相对应的画面出现。如果目标软键未显示，则按继续下一个菜单键 ▶ 。

（3）为了重新显示选择软键，按返回菜单键。

画面的一般操作如上所述，然而，从一个画面到另一画面的实际显示过程是千变万化的，应灵活运用。

3. 键盘输入操作

按地址键和数字键时，对应该键的字符值被输入。输入的内容显示在屏幕的底部。为了表示是输入的数据，在它的前面显示一个"＞"符号。在输入数据的尾部显示一个"＿"，表示下一个字符输入的位置。如图 6-1-5 所示。

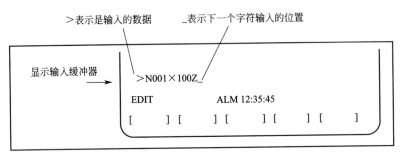

图 6-1-5 键盘输入显示

对于一个键面上刻有两个字符的，为了输入这类键的下行字符，先按 SHIFT 键，再按该键。当按 SHIFT 键时，指示下一个字符输入位置的符号变成为"∧"。

此时即可输入键面下行的字符（换挡状态）。当在换挡状态输入了字符时，换挡状态就被取消。如果在换挡状态时，又按了 SHIFT 键，则换挡状态被取消。一行最多可输入 32 个字符，按一次 CAN 键可删除最后输入的一个字符或符号。

例如：当输入显示：＞N001 G00 X100. Z

按 CAN 键一次，可删除显示符号前面的一个字符，即符号"Z"，则显示如下：＞N001 G00 X100。

从系统操作面板上输入字符或数字后，按 INPUT 键或软键时，执行数据检查。若输入的数据不正确或操作错误，状态显示行上将显示一个闪烁的警告信息，如图 6-1-6 所示。

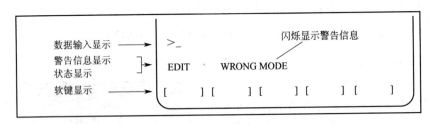

图 6-1-6 警告信息

4. 手工输入 NC 程序

（1）按 键，模式置于程序编辑状态。

（2）按 PROG 键，再按软键 DIR 进入程序界面。

（3）按字母 O 键和数字键，输入"O××××"程序名（输入的程序名不能与已有的程序名重名）。

（4）按地址键→数字键，开始输入程序。

（5）按 [EOB] 键→ [INSERT] 键，换行继续输入。

5. 编辑 NC 程序

（1）按 [⟨⟩] 键，模式置于程序编辑状态。

（2）按 [PROG] 键，输入要编辑的 NC 程序名，如果要编辑的程序未被选择，用程序号检索。

① 模式置于程序编辑方式。

② 按字母键，输入字母"O"。

③ 按数字键输入程序名。

④ 按"检索键"开始检索，找到后，该程序名显示在屏幕右上角程序名位置，NC 程序显示在屏幕上。

6. 数据的修改、插入和删除

① 修改：按 [⟨⟩] 键，置光标于要修改的位置，输入新的数据，按 [ALTER] 键，把光标处的数据修改为新的数据。

② 插入：按 [⟨⟩] 键，置光标于要插入的位置，输入要插入的数据，按 [INPUT] 键，把输入的内容插入到光标所在的位置。

③ 删除：按 [⟨⟩] 键，置光标于要删除的字符前，按 [DELETE] 键，删除后面的字。

7. 删除程序或程序段

（1）删除一个程序

① 按 [⟨⟩] 键，选择程序编辑模式；

② 按 [PROG] 键，显示程序界面；

③ 输入字母"O"；

④ 输入要删除的程序号；

⑤ 按 [DELETE] 键，所选程序被删除。

（2）删除存储器中的全部程序

① 按 [⟨⟩] 键，选择程序编辑模式；

② 按 [PROG] 键，显示程序界面；

③ 输入字母 O；

④ 输入数字 9999；

⑤ 按 [DELETE] 键，全部程序被删除。

（3）删除一个程序段

① 检索或扫描要删除程序段的地址 N××××；

② 按 [EOB] 键；

③ 按 [DELETE] 键，所选程序段被删除。

（4）删除多个程序段

① 检索或扫描要删除部分的第一个程序段的地址 N××××；

② 输入要删除部分的最后一个程序段的地址 N××××；

③ 按 DELETE 键，所选两程序段之间的所有程序段被删除。

二、数控车床的基本操作

（一）数控车床的启动

启动前，必须检查机床的外部设施（如刀架、导轨、卡盘、防护门、电柜门等），观察是否正常，然后才能启动车床。

1. 机床通电前的检查

在机床主电源开关接通之前，操作者必须做好下面的检查工作。

① 检查机床的防护门、电柜门等是否关闭；

② 检查各润滑装置上油标的液面位置是否充足；

③ 检查切削液是否充足。

2. 机床通电

（1）接通供给电源。

（2）开启机床电源。将电柜上的电源开关拨到启动挡（从 OFF 位置旋至 ON 位置）如图 6-1-7 所示，开启机床电源。此时电柜的冷却风扇随之启动。

（3）接通 NC 电源。旋开"急停"开关，按下操作面板上的 NC POWER 通电按钮（绿色），电源指示灯亮，如图 6-1-8 所示。CRT 显示操作界面，此时，机床液压泵也随之启动。

图 6-1-7　机床电源开关

图 6-1-8　NC 电源开关

3. 机床通电后的检查

机床通电之后，操作者应做好下面的检查工作。

① 检查电柜冷却风扇是否启动，液压系统是否启动。

② 检查操作面板上的指示灯是否正常，各按钮、开关是否正常。

③ 屏幕上是否有报警显示，若有应及时处理；报警"ALM"时，屏幕显示如图 6-1-9 和图 6-1-10 所示。

④ 零件装夹是否正确、牢固。

⑤ 刀具是否完好，刀架夹紧是否可靠。

4. 机床运转中的检查

① 运转中，主轴、卡盘、刀架、滑板等是否异常。

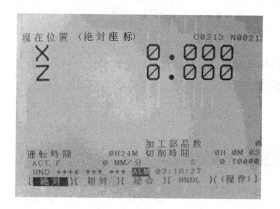
图 6-1-9　报警显示

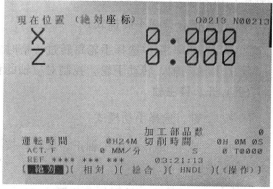
图 6-1-10　解除报警显示

② 有无其他异常现象。

（二）数控车床的停止

（1）检查循环情况　控制面板上循环启动的指示灯 LED 熄灭，循环启动应在停止状态。

（2）检查移动部件　车床所有可移动部件都应处于停止状态。

（3）检查外部设备　所有外部输入/输出设备，应全部关闭。

（4）关闭 NC 电源　按下操作面板上的断电按钮（红色），此时，操作面板上的电源指示灯熄灭，机床液压泵也随之关闭。

（5）关闭机床电源　将电源开关旋至"OFF"，关闭机床电源。此时，电柜的冷却风扇随之关闭。

（三）回参考点

对设有参考点的机床，开机后要首先回参考点。

① 按 ⊕ 键，选择回"参考点"方式；

② 选择合适的"进给倍率"，如：｜X10 25%｜或｜X100 50%｜；

③ 按住方向键 ⬇，使 X 轴返回"参考点"（至 X 轴参考点指示灯亮）；

④ 按住方向键 ➡，使 Z 轴返回"参考点"（至 Z 轴参考点指示灯亮）。

方向键两侧 X 和 Z 轴"参考点"指示灯亮，表示机床回"参考点"成功。

注意：回"参考点"成功后，先移动 X 轴，远离尾座，再移动 Z 轴，以免发生碰撞。若机床已在参考点位置，应将机床向 Z 轴负向点动、X 轴负向点动，离开参考点位置，然后进行返回参考点操作。

（四）移动刀架

1. 按键移动

这种方法用于较长距离的工作台移动。

① 按 🖐 键，选择手动模式；

② 选择某一轴，按住方向键，刀架沿选择轴移动，松开后停止移动；

③ 如果同时按住 〰 键，各轴快速移动。

2. 手轮移动

这种方法既可微量调整，又可快速移动，操作者利用手轮，可以方便地控制和观察刀具的移动，在实际生产中普遍使用。

① 按 ⌨ 键，选择手脉模式；

② 从 ⌨ ～ ⌨ 键中选择手轮每转过一格时的移动量；

③ 选择移动轴，转动手轮，控制对应轴的移动。

（五）开、停主轴

① 按 ⌨ 键，选择手动模式；

② 按 ⌨ 或 ⌨ 键，机床主轴正、反转，按 ⌨ 键，主轴停转。

（六）手动选刀

按 ⌨ 键，可任选刀号至加工位置。

注意：在 FANUC Oi-Mate-TC 数控系统中，开机后主轴必须要以 MDI 或自动方式先给定一个转速，否则手动控制时主轴不能转动。

项目二 数控车削编程与加工

【任务要求】

通过本项目的学习，了解数控车床程序编制的严格相关标准，掌握数控加工程序的格式与组成，熟悉数控车床编程常用符号及指令代码，掌握数控车床编程的入门知识，并能灵活运用。

【知识内容】

一、数控车床坐标系

（一）建立坐标系的基本原则

数控车床的坐标系与运动方向的规定如下。

（1）永远假定工件静止，刀具相对于工件移动。

（2）坐标系采用右手笛卡尔直角坐标系。如图 6-2-1 所示大拇指的方向为 X 轴的正方向，食指指向为 Y 轴的正方向，中指指向为 Z 轴的正方向。在确定了 X、Y、Z 坐标的基础上，根据右手螺旋法则，可以很方便地确定出 A、B、C 三个旋转坐标的方向。

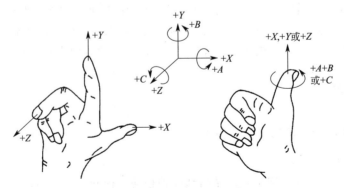

图 6-2-1　右手笛卡尔直角坐标系

（3）规定 Z 轴的运动由传递切削动力的主轴决定，与主轴轴线平行的坐标轴即为 Z 轴，X 轴为水平方向，平行于工件装夹面并与 Z 轴垂直。

（4）规定以刀具远离工件的方向为坐标轴的正方向。

依据以上的原则，当车床为前置刀架时，X 轴正向向前，指向操作者，如图 6-2-2 所示；当机床为后置刀架时，X 轴正向向后，背离操作者，如图 6-2-3 所示。

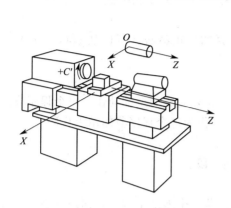
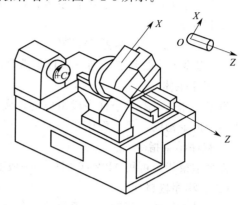

图 6-2-2　水平床身前置刀架式数控车床的坐标系　　图 6-2-3　倾斜床身后置刀架式数控车床的坐标系

（二）机床坐标系

机床坐标系是以机床原点为坐标系原点建立起来的 ZOX 轴直角坐标系。

1. 机床原点

机床原点（又称机械原点）即机床坐标系的原点，是机床上的一个固定点，其位置是由机床设计和制造单位确定的，通常不允许用户改变。数控车床的机床原点一般为主轴回转中心与卡盘后端面的交点，如图 6-2-4 所示。

2. 机床参考点

机床参考点也是机床上的一个固定点，它是用机械挡块或电气装置来限制刀架移动的极限位置。其作用主要是用来给机床坐标

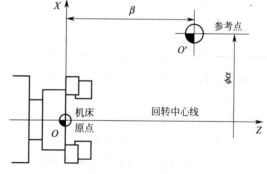

图 6-2-4　机床原点

系一个定位。因为如果每次开机后，无论刀架停留在哪个位置，系统都把当前位置设定成 $(0, 0)$，这就会造成基准的不统一。

数控车床在开机后首先要进行回参考点（也称回零点）操作。机床在通电之后，返回参考点之前，不论刀架处于什么位置，此时 CRT 上显示的 Z 与 X 的坐标值均为 0。只有完成了返回参考点操作后，刀架运动到机床参考点，此时 CRT 上显示出刀架基准点在机床坐标系中的坐标值，即建立了机床坐标系。

（三）工件坐标系

数控车床加工时，工件可以通过卡盘夹持于机床坐标系下的任意位置。这样一来在机床坐标系下编程就很不方便。所以编程人员在编写零件加工程序时通常要选择一个工件坐标系，也称编程坐标系，程序中的坐标值均以工件坐标系为依据。

工件坐标系的原点可由编程人员根据具体情况确定，一般设在图样的设计基准或工艺基准处。根据数控车床的特点，工件坐标系原点通常设在工件左、右端面的中心或卡盘前端面的中心。注意：机床坐标系与工件坐标系的区别，注意机床原点、机床参考点和工件坐标系原点的区别。

二、数控程序的格式与组成

（一）程序段结构

一个完整的程序，一般由程序名、程序内容和程序结束三部分组成。

1. 程序名

FANUC 系统程序名是 O××××。××××是四位正整数，可以从 0000～9999。如 O2255。程序名一般要求单列一段且不需要段号。

2. 程序主体

程序主体是由若干个程序段组成的，表示数控机床要完成的全部动作。每个程序段由一个或多个指令构成，每个程序段一般占一行，用";"作为每个程序段的结束代码。

3. 程序结束指令

程序结束指令可用 M02 或 M30。一般要求单列一段。

（二）程序段格式

现在最常用的是可变程序段格式。每个程序段由若干个地址字构成，而地址字又由表示地址字的英文字母、特殊文字和数字构成，见表 6-2-1。

表 6-2-1　可变程序段格式

1	2	3	4	5	6	7	8	9	10
N	G	X U	Y V	Z W	I_J_K R	F	S	T	M
程序段号	准备功能	坐标尺寸字				进给功能	主轴功能	刀具功能	辅助功能

例如：N50 G01 X30.0 Z40.0 F100

说明如下。

（1）N××为程序段号，由地址符 N 和后面的若干位数字表示。在大部分系统中，程序段号仅作为"跳转"或"程序检索"的目标位置指示。因此，它的大小及次序可以颠倒，也可以省略。程序段在存储器内以输入的先后顺序排列，而程序的执行是严格按信息在存储器内的先后顺序逐段执行，也就是说，执行的先后次序与程序段号无关。但是，当程序段号省略时，该程序段将不能作为"跳转"或"程序检索"的目标程序段。

（2）程序段的中间部分是程序段的内容，主要包括准备功能字、尺寸功能字、进给功能字、主轴功能字、刀具功能字、辅助功能字等。但并不是所有程序段都必须包含这些功能字，有时一个程序段内可仅含有其中一个或几个功能字，如下列程序段都是正确的程序段。

N10 G01 X100.0 F100；

N80 M05；

（3）程序段号也可以由数控系统自动生成，程序段号的递增量可以通过"机床参数"进行设置，一般可设定增量值为 10，以便在修改程序时方便进行"插入"操作。

三、常用术语与指令代码

1. 字符

字符是用于组织、控制或表示数据的各种符号，如字母、数字、标点符号和数学运算符号等。在功能上，字符是计算机进行存储或传送的信号；在结构上，字符是加工程序的最小组成单位。常见字符有数字、字母、符号等。

（1）数字。程序中可以使用十个数字（0～9）来组成一个数。数字有两种模式：一种是整数值（没有小数部分的数），另一种是实数（具有小数部分的数）。数字有正负之分，一些控制器中，实数可以有小数点，也可以没有小数点。两种模式下的数字，只能输入控制器系统许可范围内的数字。

（2）字母。26个英文字母都可用来编程，用字母表示地址码，通常编写在前面。大写字母是CNC编程中的正规名称，但是一些控制器也可以接受小写形式的字母，并与对应的大写字母具有相同的意义。

（3）符号。除了数字和字母，编程中也使用一些符号。最常见的符号是小数点、负号、百分号、圆括号等，这将取决于控制器选项。

2. 字

字是程序字的简称。它是一套有规定次序的字符，可以作为一个信息单元存储、传递以及操作，如X234.678就是由8个字符组成的一个字。一般包括顺序号字、准备功能字、尺寸字、进给功能字、主轴转速功能字、刀具功能字、辅助功能字和程序段结束字。

其中程序段结束字一般写在程序段后，表示程序结束。当用"EIA"标准代码时，结束符为"CR"；用"ISO"标准代码时为"NL"或"LF"；有的用符号"＊"表示，有的直接回车即可，FAVUC系统用"；"表示。

3. 程序段

字在CNC系统中作为单独的指令使用，而程序段则作为多重指令使用。输入控制系统的程序由单独的以逻辑顺序排列的指令行组成，每一行由一个或几个字组成，每一个字由两个或多个字符组成。程序由程序段组成，程序中每一行为一个程序段。

4. 程序

CNC程序通常以程序号或类似的符号开始，后面紧跟以逻辑循序排列的指令程序段。程序段以停止代码终止符结束，比如百分号（％）。

5. 地址

地址又称地址符。在数控加工中，它是指位于字头的字符或字符组，用以识别其后的数据。在传递信息时，它表示其出处或目的地。在加工程序中常用的地址及含义见表6-2-2。

表 6-2-2 地址码中英文字母的含义

地址	功能	含　义	地址	功能	含　义
A	坐标字	绕 X 轴旋转	N	顺序号	程序段顺序号
B	坐标字	绕 Y 轴旋转	O	程序号	程序号或子程序号的指定
C	坐标字	绕 Z 轴旋转	P		暂停时间或程序中某功能开始时使用的顺序号
D	补偿号	刀具半径补偿指令	Q		固定循环终止的段号或固定循环中的定距
E		第二次进给功能	R	坐标字	固定循环中的定距或圆弧半径的指定
F	进给速度	进给速度指令	S	主轴功能	主轴转速指令
G	准备指令	指令动作方式	T	刀具功能	刀具编号和刀具补偿的指令
H	补偿号	补偿号指定	U	坐标字	与 X 轴平行的附加轴或增量坐标值
I	坐标字	圆弧中心 X 轴向坐标	V	坐标字	与 Y 轴平行的附加轴或增量坐标值
J	坐标字	圆弧中心 Y 轴向坐标	W	坐标字	与 Z 轴平行的附加轴或增量坐标值
K	坐标字	圆弧中心 Z 轴向坐标	X	坐标字	X 轴的坐标
L	重复次数	固定循环和子程序的重复次数	Y	坐标字	Y 轴的坐标
M	辅助功能	机床开/关指令	Z	坐标字	Z 轴的坐标

6. 地址字

地址字是由带有地址的一组字符而组成的字。加工程序中的地址字也称为程序字。

7. 顺序号指令

顺序号也称程序段号。

地址：N。N1～N99999999，一般放在程序段开头。

功能：表示该程序段的号码，常间隔 5 或 10 等，便于编辑程序过程中再插入程序段时不影响原来的顺序。

例如：N10……

N20……

N30……

指令使用说明：顺序号指令不代表数控程序执行顺序，可以不连续，通常由小到大排列，仅用于程序的校对与检索，程序比较短时也可以不写。

8. 辅助功能

辅助功能又称 M 功能或 M 代码，是控制机床在加工操作时做一些辅助动作的开、关功能。如主轴的转停、冷却液的开关、卡盘的夹紧松开、刀具更换等，见表 6-2-3。

表 6-2-3　数控车床常见辅助功能

M 代码	说明	M 代码	说明
M00	程序停止	M19	主轴定位
M01	可选择停止程序	M21	尾架向前
M02	程序结束（通常需要重启）	M22	尾架向后
M03	主轴正转	M23	螺纹逐渐退出"开"
M04	主轴反转	M24	螺纹逐渐退出"关"
M05	主轴停转	M30	程序结束
M07	冷却油雾开	M41	低速齿轮选择
M08	冷却液开	M42	中速齿轮选择 1
M09	冷却液关	M43	中速齿轮选择 2
M10	卡盘夹紧	M44	高速齿轮选择
M11	卡盘松开	M48	进给速率取消"关"（使用有效）
M12	尾架顶尖套筒进	M49	进给速率取消"开"（使用有效）
M13	尾架顶尖套筒退	M98	子程序调用
M17	转塔向前检索	M99	子程序结束
M18	转塔向后检索		

（1）程序停止 M00　M00 含义为程序停止，属于非模态指令。程序执行到 M00 这一功能时，将停止机床所有的自动操作，包括所有轴的运动、主轴的旋转、冷却液功能、程序的进一步执行；M00 功能可以编写在单独的程序段中，也可以在包含其他指令的程序段中编写，通常是轴的运动。

M00 指令在使用时需注意，M00 使程序停在本程序段状态，不执行下一段，在此以前有效的信息全部保存下来，例如进给率、坐标设置、主轴速度等，相当于单段停止。当按下控制面板上的循环启动键后，可继续执行下一段程序。需要特别注意的是，M00 功能将取消主轴旋转和冷却液功能，因此必须在后续程序段中对它们进行重复编写，否则会发生安全事故。

（2）程序选择停止 M01　M01 的含义为程序选择停，又称为有条件的程序停止，属于非模态指令。当控制面板上的"选择停"为开时，程序执行到 M01 时，机床停止运动，即 M01 起作用；否则，执行到 M01 时，M01 不起作用，机床接着执行下一段程序。当 M00 起作用时，它的运转方式与 M00 功能一样，所有轴的运动、主轴旋转、冷却液功能和进一步的程序执行都暂时中断，而进给率、坐标设置、主轴速度等设置保持不变。

（3）程序结束 M02　M02 为主程序结束，属于非模态指令，当控制器读到程序结束功能指令时，便取消所有轴的运动、主轴旋转、冷却液功能，机床复位，并且通常将系统重新设置到缺省状态。执行 M02 时，将终止程序执行，但不会回到程序的第一个程序段，按控制面板上的复位键后可以返回。但现在比较先进的控制器，可以通过设置参数，使 M02 的功能与 M30 的功能一样，即执行到 M02 时返回到程序开头位置，含有复位功能。

（4）程序结束 M30　M30 为主程序结束，属于非模态指令，当控制器读到程序结束功能指令时，便取消所有轴的运动、主轴旋转、冷却液功能，机床复位，并且通常将系统重新设置到缺省状态。执行 M30 时，将终止程序执行，并返回程序开头位置。

M02 与 M30 单独处在一段上，也可以与其他指令处在一行上，如果与运动指令编写在一起，程序停止将在运动结束后才有效。

（5）主轴旋转功能（M03、M04、M05）

① M03 表示主轴顺时针旋转（正转 CW）。

② M04 表示主轴逆时针旋转（反转 CCW）。

③ 从主轴箱向主轴方向看去，顺时针为正转，反之为反转。

④ M05 为主轴停转，不管主轴的旋转方向如何，执行 M05 后，主轴将停止转动。

⑤ 主轴停止功能可以作为单独程序段编写，也可以编写在包含刀具运动的程序段中，通常只有在运动完成后，主轴才停止旋转，这是控制器中添加的一项安全功能。当然，最后不要忘记编写 M03 或 M04 恢复主轴旋转。

（6）冷却液功能（M07、M08、M09）

① M07 为冷却液开，冷却液为喷雾状的，是小量切削液和压缩空气的混合物。

② M08 为冷却液开，冷却液通常为液体，是可溶性油和水的混合物。

③ M09 为冷却液关。

④ 冷却液功能可以编写在单独的程序段中，或与轴的运动一起编写。

⑤ 冷却液"开"和轴运动编写在一起时，将和轴运动同时变得有效。

⑥ 冷却液"关"和轴运动编写在一起时，只有在轴运动完成以后变得有效。

⑦ 加工冷却时，不要使冷却液喷到工作区域外，并且不要让冷却液喷到高温的切削刃上。

9. 准备功能（G 代码或 G 功能）

地址 G 的功能：用来指令机床进行加工运动和插补的功能，可以建立机床或控制系统工作方式的一种命令。具体见表 6-2-4。

（1）不同数控系统 G 代码各不相同，同一数控系统不同型号 G 代码也有变化，使用时应以机床使用说明书为准。

（2）G 代码有模态和非模态代码两种，其中模态代码一旦使用指令，则一直有效，直到被同组的其他 G 代码取代为止，非模态代码仅在本程序段中有效。

（3）FANUC Oi Mate-TD 系统 G 代码（见表 6-2-4）有 A 代码、B 代码、C 代码之分，如无特殊要求，本书均以 A 代码为例进行介绍。

表 6-2-4 FANUC Oi Mate-TD 数控车床系统常用 G 代码

G 代码	组别	模态	说明	G 代码	组别	模态	说明
G00	01	*	快速定位（快速移动）	G59	14	*	第六可设定零点偏置
G01		*	直线插补	G65			宏程序调用
G02		*	顺时针圆弧插补	G66	00		宏程序模态调用
G03		*	逆时针圆弧插补	G67			宏程序模态调用取消
G04	00		暂停	G70			精车复合循环
G17		*	XY 平面选择	G71			粗车复合循环
G18		*	XZ 平面选择	G72			端面粗车复合循环
G19		*	YZ 平面选择	G73	00		固定形状粗车复合循环
G20	06	*	英制输入	G74			端面深孔钻削
G21		*	米制输入	G75			外圆车槽复合循环
G22	04	*	存储行程检测功能有效	G76			螺纹切削复合循环
G23		*	存储行程检测功能有效	G80		*	取消固定循环
G28	06		返回参考点	G83		*	端面钻孔循环
G29			从参考点返回	G84		*	端面攻螺纹循环
G32	01	*	切削螺纹	G85	10	*	端面镗孔循环
G40		*	取消刀具半径补偿	G87		*	侧面钻孔循环
G41	07	*	刀尖半径左补偿	G88		*	侧面攻螺纹循环
G42		*	刀尖半径右补偿	G89		*	侧面镗孔循环
G50		*	工件坐标系设定或最大转速限制	G90	01	*	外圆、内孔切削单一循环
G52	00	*	可编程坐标系偏移	G91		*	用 X、Z 表示绝对值编程 用 U、W 表示增量值编程
G53		*	取消可设定的零点偏置（选择机床坐标系）	G92	01	*	螺纹切削单一循环
G54		*	第一可设定零点偏置	G94	01	*	端面切削单一循环
G55		*	第二可设定零点偏置	G96	02	*	主轴转速恒定切削速度
G56	14	*	第三可设定零点偏置	G97		*	恒线速切削速度
G57		*	第四可设定零点偏置	G98	05	*	每分钟进给量（mm/min）
G58		*	第五可设定零点偏置	G99		*	每转进给量（mm/r）

注：标注"＊"为模态有效指令。

10. 绝对坐标、增量坐标指令

（1）指令功能

绝对坐标：刀具运行过程中，刀具的位置坐标是以工件坐标系原点为基准标识的。

增量坐标：刀具运行过程中，刀具的位置坐标是相对于前一位置的增量标识的。

（2）指令代码

绝对坐标：用 X、Z 表示。

增量坐标：用 U、W 表示。

注意：FANNC Oi Mate-TC 系统中，C 代码绝对坐标指令为 G90，增带坐标指令为 G91。

（3）指令使用说明

增量坐标是指刀具起始位置到目标点移动增量，方向与坐标轴方向一致时为正，方向与坐标轴方向相反时为负。FANUC 系统中可以用绝对、增量混合方式编程，即在同一段程序中 X 和 W 或 U 和 Z 同时存在。

四、数控车削编程的方法

(一) 编程常用指令

1. 刀具快速定位指令 G00（或 G0）

(1) 指令功能

指令功能是指刀具以机床规定的速度从所在的位置快速移动目标点，移动速度由机床系统设定，无需在程序中指定。

(2) 指令格式

G00 X (U)__ Z(W)

其中，X，Z 表示目标点的坐标（U，W 表示相对增量）。

例如：G00 X50. Z120.；表示刀具从当前点快速移动到点（50，120）位置。

(3) 指令说明

① 在一个程序段中，绝对坐标和增量坐标可以混用编程，如 G00 X _   W _ 。

② X 和 U 采用直径编程。

③ 移动速度由参数来设定，指令执行开始后，刀具沿着各个坐标主向同时按参数设定的速度移动，最后减速到达终点，移动速度也可以通过控制面板上的倍率开关来调节。

④ G00 指令快速移动时，地址 F 下编程的进给速度无效。

⑤ G00 为模态有效代码，一经使用持续有效，直到被同组 G 代码取代为止。

⑥ G00 指令的目标点不以设置在工件上，一般应离工件 2～5mm 的安全距离，也不能在移动过程中碰到机床、夹具等。

(4) 应用

G00 指令用于定位，其唯一目的就是节省非加工时间。刀具以快速进给速度移动到指令位置，接近终点位置时，进行减速，当确定到达进入位置状态，即定位后，开始执行下一个程序段。由于快速，只用于空行程，不能用于切削。快速运动操作通常包括以下四种类型的运动。

① 从换刀位置到工件的运动。

② 从工件到换刀位置的运动。

③ 绕过障碍物的运动。

④ 工件上不同位置间的运动。

使用 G00 指令应注意，利用 G00 使刀具快速移动，在各坐标方向上有可能不是同时到达终点。刀具移动轨迹是几条线段的组合，通常不是一条直线，是折线。如图 6-2-5 所示，执行该段序时，刀具首先以快速进给速度运动到（60，60）后再运动到（60，100）。

2. 刀具直线插补指令 G01（或 G1）

(1) 指令功能

指令功能指刀具以进给功能 F 下编程的进给速度沿直线从起始点加工到目标点。

(2) 指令格式

G01 X (U) _ Z (W)_ F _

其中，X，Z 表示直线插补目标点的坐标(U，W 表示相对增量)；F 为直线插补时进给速度，单位一般为 mm/r(毫米/转)。

如图 6-2-6 所示，选右端面 O 为编程原点，绝对坐标编程为：

G00   X50.   Z2.   S800   M03 $P_0 \rightarrow P_1$

G01　Z-40.　F80　　　　刀具从 P_1 点按 F 值运动到 P_2 点

X80.　Z-6　　　　　　　$P_2 \rightarrow P_3$

G00　X200.　Z100.　　　　　　$P_3 \rightarrow P_0$

增量坐标编程为：

G00　U-150.　W-98.　S800 M03

G01 W-42.　F80

U30.　W-20.

G00 U120.　W160.

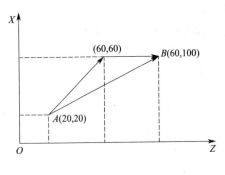

图 6-2-5　G00 轨迹图

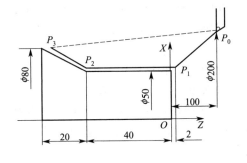

图 6-2-6　直线插补

（3）指令说明

① G01 为直线插补指令，又称直线加工，是模态指令，一经使用持续有效，直到被同组 G 代码取代。

② G01 用于直线切削加工，必须给定刀具进给速度，且程序中只能指定一个进给速度。

③ F 为进给速度，模态值，可为每分进给量或主轴每转进给量。在数控车床上通常指定为主轴每转进给量。该指令是轮廓切削进给指令，移动的轨迹为直线。F 是沿直线移动的速度。如果没有指令进给速度，就认为进给速度为零。进给时，直线各轴的分速度与各轴的移动距离成正比，以保证指令各轴同时到达终点。

④ 直线插补指令是直线运动指令，刀具按地址 F 下编程的进给速度，以直线方式从起始点移动到目标点位置。所有坐标轴可以同时运行，在数控车床上使用 G01 指令可以实现纵切、横切、锥切等直线插补运动。

3. 进给暂停指令 G04（或 G4 ）

（1）指令功能

执行本指令进给暂停至指定时间后执行下一段程序，非模态代码，常用于车槽、车端面、锪孔等场合，以提高表面质量。

（2）指令格式

G04 X；X 表示暂停时间，可用带小数点的数，单位为 s；

G04 U；U 表示暂停时间，可用带小数点的数，单位为 s；

G04 P；P 表示暂停时间，不允许用带小数点的数，单位为 ms。

例如：G04 X1（U1）表示暂停 1s；

　　　　G04 P50 表示暂停 50ms，即暂停 0. 05s。

4. G01 倒角、倒圆功能

G01 倒角控制功能，可以在两相邻轨迹的程序段之间插入直线倒角或圆弧倒角，如

图 6-2-7 所示。

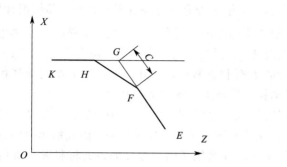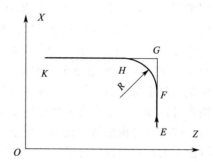

图 6-2-7　倒角和倒圆

倒角：G01 X（U）　　　　　Z（W）　　　　C

倒圆：G01 X（U）　　　　　Z（W）　　　　R

式中 X、Z 值为在绝对坐标编程时，两相邻直线的交点，即假想拐角交点 G 的坐标值；U、W 值为在增量坐标编程时，假想拐角交点 G 相对于直线轨迹起始点 E 的距离；C 值是假想拐角交点 G 相对于倒角始点 F 的距离；R 值是倒圆弧的半径。

5．进给单位设定

G98 为每分钟进给，单位为 mm/min；

G99 为每转进给，单位为 mm/r。

6．主轴转动控制

M03 为主轴正转；

M04 为主轴反转；

M05 为主轴停转。

7．主轴转速控制

S 指令，S 后面的数字为主轴转速值，单位为 r/min。

8．刀具控制

T 指令，用来选择刀具。T 后面的数字为刀具和刀补号，例如：T0101，表示 01 号刀具，01 号刀补。

（二）工艺知识

1．走刀路线的确定

走刀路线是指数控加工过程中刀具相对于被加工件的运动轨迹和方向。加工路线的合理选择是非常重要的，因为它与零件的加工精度和表面质量密切相关。在确定走刀路线时主要考虑下列几点。

① 保证零件的加工精度要求。

② 方便数值计算，减少编程工作量。

③ 寻求最短加工路线，减少空走刀时间以提高加工效率。

④ 尽量减少程序段数。

⑤ 保证工件轮廓表面加工后的粗糙度的要求，最终轮廓应安排最后一走刀连续加工出来。

⑥ 刀具的进退刀（切入与切出）路线也要认真考虑，以尽量减少在轮廓处停刀（切削力突然变化造成弹性变形）而留下刀痕，也要避免在轮廓面上垂直下刀而划伤工件。

2. 数控车床切削用量的选择

切削用量（a_p、f、v）的选择是否合理，对于能否充分发挥机床潜力与刀具切削性能，实现优质、高产、低成本和安全操作具有很重要的作用。粗车时，首先考虑选择一个尽可能大的背吃刀量 a_p，其次选择一个较大的进给量 f，最后确定一个合适的切削速度 v。增大背吃刀量 a_p，可使走刀次数减少，增大进给量 f 有利于断屑，因此，根据以上原则选择粗车切削用量，对于提高生产效率、减少刀具消耗、降低加工成本是有利的。

精车时，加工精度和表面粗糙度要求较高，加工余量不大且较均匀，因此选择精车切削用量时，应着重考虑如何保证加工质量，并在此基础上尽量提高生产率。因此精车时应选用较小（但不太小）的背吃刀量 a_p，和进给量 f，并选用切削性能高的刀具材料和合理的几何参数，以尽可能提高切削速度 v。

（1）背吃刀量 a_p 的确定。在工艺系统刚度和机床功率允许的情况下，尽可能选取较大的背吃刀量，以减少进给次数。当零件精度要求较高时，则应考虑留出精车余量，其所留的精车余量一般比普通车削时所留余量小，常取 0.1～0.5mm。

（2）进给量 f（有些数控机床用进给速度 v_f）。进给量 f 的选取应该与背吃刀量和主轴转速相适应。在保证工件加工质量的前提下，可以选择较高的进给速度（2000mm/min 以下）。在切断、车削深孔或精车时，应选择较低的进给速度。当刀具空行程特别是远距离"回零"时，可以设定尽量高的进给速度。

粗车时，一般取 $f = 0.3～0.8$mm/r，精车时常取 $f = 0.1～0.3$mm/r，切断时 $f = 0.05～0.2$mm/r。

进给速度是指在单位时间里，刀具沿进给方向移动的距离，其计算公式为：$v_f = fX_n$。

粗加工时，进给量根据工件材料、车刀导杆直径、工件直径和背吃刀量进行选取。在背吃刀量一定时，进给量随着导杆尺寸和工件尺寸的增大而增大；加工铸铁时，切削力比加工钢件时小，可以选取较大的进给量。

（3）主轴转速的确定

① 光车外圆时的主轴转速。光车外圆时主轴转速应根据零件上被加工部位的直径，并按零件和刀具材料，以及加工性质等条件所允许的切削速度来确定。

切削速度除了计算和查表选取外，还可以根据实践经验确定。需要注意的是，交流变频调速的数控车床低速输出力矩小，因而切削速度不能太低。

切削速度确定后，用公式，$n = 1000v_c/\pi d$ 计算主轴转速 n(r/min)。

② 车螺纹时主轴的转速。在车削螺纹时，车床的主轴转速将受到螺纹的螺距 P（或导程）大小、驱动电机的升降频特性，以及螺纹插补运算速度等多种因素影响，因此对于不同的数控系统，推荐不同的主轴转速选择范围。大多数经济型数控车床推荐车螺纹时的主轴转速 n(r/min) 为

$$n \leqslant (1200/P) - k$$

式中　P——被加工螺纹螺距，mm；

　　　k——保险系数，一般取为 80。

此外，在安排粗、精车削用量时，应注意机床说明书给定的允许切削用量范围，对于主轴采用交流变频调速的数控车床，由于主轴在低转速时扭矩降低，尤其应注意此时的切削用量选择。

3. 数控加工工艺路线的设计

数控加工工艺路线设计与通用机床加工工艺路线设计的主要区别在于，它往往不是指从

毛坯到成品的整个工艺过程，而仅是几道数控加工工序过程的具体描述。因此在工艺路线设计中一定要注意到，由于数控加工工序一般都穿插于零件加工的整个工艺过程中，因而要与其他加工工艺衔接好。常见工艺流程为毛坯→热处理→通用机床加工→数控机床加工→通用机床加工→成品。

数控加工工艺路线设计中应注意以下几个问题。

（1）工序的划分　根据数控加工的特点，数控加工工序的划分一般可按下列方法进行。

① 以一次安装、加工作为一道工序。这种方法适合于加工内容较少的零件，加工完后就能达到待检状态。

② 以同一把刀具加工的内容划分工序。有些零件虽然能在一次安装中加工出很多待加工表面，但考虑到程序太长，会受到某些限制，如控制系统的限制（主要是内存容量），机床连续工作时间的限制（如一道工序在一个工作班内不能结束）等。此外，程序太长会增加出错的概率与检索的困难。因此程序不能太长，一道工序的内容不能太多。

③ 以加工部位划分工序。对于加工内容很多的工件，可按其结构特点将加工部位分成几个部分，如内腔、外形、曲面或平面，并将每一部分的加工作为一道工序。

④ 以粗、精加工划分工序。对于经加工后易发生变形的工件，由于对粗加工后可能发生的变形需要进行校形，所以一般来说，凡要进行粗、精加工的过程，都要将工序分开。

（2）顺序的安排　顺序的安排应根据零件的结构和毛坯状况，以及定位、安装与夹紧的需要来考虑。顺序安排一般应按以下原则进行。

① 上道工序的加工不能影响下道工序的定位与夹紧，中间穿插有通用机床加工工序的也应综合考虑。

② 先进行内腔加工，后进行外形加工。

③ 以相同定位、夹紧方式加工或用同一把刀具加工的工序，最好连续加工，以减少重复定位次数、换刀次数与挪动压板次数。

4. 数控车削加工工艺文件

数控加工工艺文件不仅是进行数控加工和产品验收的依据，也是操作者遵守和执行的规程，同时还为产品零件重复生产积累必要的工艺资料，进行技术储备。这些由工艺人员制订的工艺文件，是编程员在编制数控加工程序时所依据的相关技术文件。编制数控加工工艺文件是数控加工工艺设计的重要内容之一。

一般来说，数控车床所需工艺文件应包括编程任务书、数控加工工序卡片、数控机床调整卡、数控加工刀具卡、数控加工进给路线图、数控加工程序单等。

其中，以数控加工工序卡片和数控加工刀具卡最为重要，这些卡片暂无国家标准，前者是说明数控加工顺序和加工要素的文件，后者为刀具使用依据。

（三）轴类零件加工常用循环指令

1. 单一固定循环指令

在数控车床上被加工工件的毛坯常为棒料或铸、锻件，所以车削加工时加工余量大，一般需要多次重复循环加工，才能车去全部加工余量。为了简化编程，在数控控制系统中，具备不同形式固定循环功能，它们可以实现固定顺序动作自动循环切削。下面介绍几种常用的单一固定循环功能。

（1）外、内径切削循环指令 G90

格式：G90 X(U)＿　Z(W)＿　　F；

说明：X，Z——绝对值编程时，为切削终点在工件坐标系下的坐标；增量值编程时，为切削终点相对于循环起点的有效距离，图形中用 U、W 表示。

该指令执行如图 6-2-8 所示的轨迹动作，虚线表示按快进速度 R 运动，实线表示按工作进给速度 F 运动。

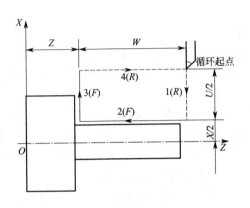

图 6-2-8 圆柱面内（外）径切削循环

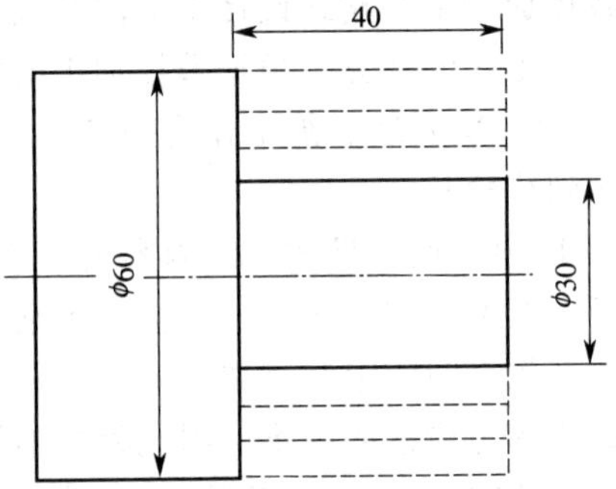

图 6-2-9 G90 指令应用

例 1： 如图 6-2-9 所示，采用 G90 编程如下。

……

G00 X62. 0 Z2. 0；

G90 X50. 0 Z-40. 0 F0. 15；

X40. 0；

X30. 0；

G00 X200. 0 2100. 0；

M05；

M30；

（2）圆锥面内（外）径切削循环指令 G90

格式：G90 X（U）＿ Z（W）＿ R＿ F

如图 6-2-10 所示，R 为圆锥体大小端的半径差。编程时，应注意 R 的符号，锥面起点坐标大于终点坐标时 R 为正，反之为负。图示位置 R 为负（R 也可理解为切削始点至切削终点在 X 轴的矢量，若与 X 轴正向同向为正，与 X 轴正向反向为负）。

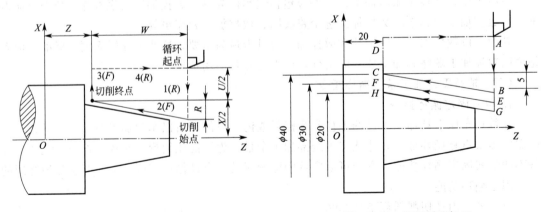

图 6-2-10 锥面切削循环

图 6-2-11 锥面循环加工

例 2： 加工如图 6-2-11 所示的工件，其加工程序如下：

……

N10 G99 G90 X40. Z20. R-5. F0. 2；(A→B→C→D→A)

N20 X30. ；　　　　　　　　　　　(A→E→F→D→A)

N30 X20. ；　　　　　　　　　　　(A→G→H→D→A)

(3) 端平面切削循环指令 G94

该指令主要用于盘套类零件的平面粗加工工序。

格式：G94 X(U)__　Z(W)__ F

该指令执行如图 6-2-12 所示 A→B→C→D→A 的轨迹动作。

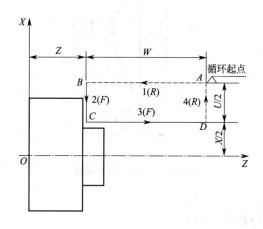

图 6-2-12　端平面切削循环　　　　　　　　　图 6-2-13　G94 指令应用

例 3：如图 6-2-13 所示，用 G94 指令编写程序。

……

G00 X62.0 Z2.0；

G94 X10.0 Z-3.0 F0.2；

Z-5. 0；

X30. 0 Z- 7.0；

Z-10.0；

G00 X200.0 Z100.0；

(4) 带锥度的端面切削循环指令 G94。

该指令主要用于盘套类带锥度的圆锥面零件的粗加工工序。

格式：G90 X(U)__　Z(W)__ R__　F

该指令执行如图 6-2-14 所示 A→B→C→D→A 的轨迹动作。R 为切出点 C 相对于切入点 R 在 Z 轴的投影，与 Z 轴同向取正，与 Z 轴反向取负。

例 4：如图 6-2-15 所示，用带锥度的端面切削循环指令 G94 编写程序。

(根据相似三角形公式，求得：R＝－10.4mm)

G00 X62.0 Z2.0；

G94 X10.0 Z-3.0 F0.2；

Z-6.0；

Z-8.0；

Z-10.0；

G94 X10.0 Z-13.0 R-10.4 F0.2；

Z-1 h. 0；

Z-18.0；

Z-2 0.0；

G00 X200.0 Z100.0；

……

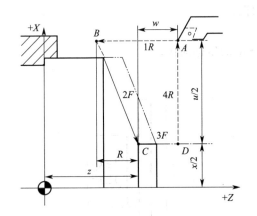 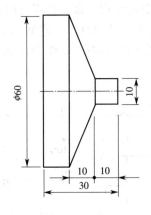

图 6-2-14　圆锥端面切削循环　　　　　　图 6-2-15　G94 指令应用

2. 复合循环指令

（1）FANUC 系统外圆、内孔粗加工复合循环指令（G71）

① 指令功能：G71 指令用于非一次走刀完成加工的场合。利用 G71 指令，只需指定粗加工背吃刀量、精加工余量和精加工路线等参数，系统便可自动计算加工路线和加工次数，即可自动完成重复切削，直至粗加工完毕。

② 指令格式

格式：　　G71　U($\triangle$d)　R（e）；

　　　　　　G71　P(ns)　Q（nf）　U($\triangle$ u)　W($\triangle$w)　F(f)　S(s)　T(t)；

说明：$\triangle d$——切削深度（每次切削量），半径值，指定时不加符号，方向由矢量 $A \rightarrow A'$ 方向决定，如图 6-2-16 所示，该值为模态值，直到下一个指定之前均有效。也可用参数指定，根据程序指令，参数中的值也变化。

e——每次退刀量，该值为模态值，在下次指定之前均有效，也可用参数指定，根据程序指令，参数中的值也变化。

n_s——精加工形状开始程序段的顺序号。

n_f——精加工形状结束程序段的顺序号。

$\triangle u$——X 方向精加工余量和方向，通常采用直径值。$\triangle u$ 为负值时，表示内径粗车循环。

$\triangle w$——Z 方向精加工余量和方向。

F、S、T——只对粗加工循环有效。包含在 n_s 到 n_f 程序段中的任何 F、S、T 功能在循环中都被忽略，但是，在 G71 程序段中或前面程序段指定的 F、S、T 指令功能有效。周速恒定控制功能在 n_s 到 n_f 程序段中的 G97 和 G96 也无效，粗车循环使用 G71 程序段或以前指令的 G96 或 G97 功能。

③ 走刀路线：G71 走刀路线如图 6-2-16 所示。

外圆粗加工的刀具走刀运动步骤见表 6-2-5。

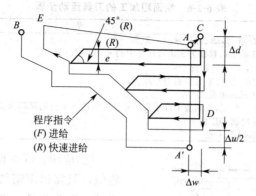

图 6-2-16　G71 外圆粗加工路线

表 6-2-5　外圆粗加工的刀具运动步骤

步骤	说　明
1	由 A 点退到 C 点,移动 $\Delta u/2$ 和 Δw 距离
2	平行于 AA' 移动 Δd,移动方式由程序号中的 n_s 中的代码确定
3	切削运动,用 G01,到达轮廓 DE
4	以 Z 轴 45°方向退刀,X 方向退刀距离为 e
5	快速返回到 Z 轴的出发点
6	重复第 2,3,4,5 步骤,直到按工件小头尺寸已不能进行完整的循环为止
7	沿精加工余量轮廓 DE 加工
8	从 E 点快速返回到 A 点

（2）端面粗车循环程令（G72）

① 指令功能：相比于 G71，G72 端面粗车循环常用于圆柱棒料毛坯的端面粗车，端面粗车循环适用于 Z 向余量小、X 向余量大的棒料粗加工。

② 指令格式

指令格式：G72　W(△d)　R(e)；

　　　　　G72　P(ns)　Q (nf)U(△ u) W(△w) F(f) S(s) T(t)；

Δd——切削深度（每次切削量），半径值，指定时不加符号，方向由矢量 $A \rightarrow A'$ 方向决定，该值为模态值，直到下一个指定之前均有效。

e——每次退刀量，该值为模态值，在下次指定之前均有效，也可用参数指定，根据程序指令，参数中的值也变化。

n_s——精加工形状开始程序段的顺序号。

n_f——精加工形状结束程序段的顺序号。

Δu——X 方向精加工余量和方向，通常采用直径值。Δu 为负值时，表示内径粗车循环。

Δw——Z 方向精加工余量和方向。

F、S、T——只对粗加工循环有效。包含在 n_s 到 n_f 程序段中的任何 F、S、T 功能在循环中都被忽略，但是，在 G72 程序段中或前面程序段指定的 F、S、T 指令功能有效。周速恒定控制功能在 n_s 到 n_f 程序段中的 G97 和 G96 也无效，粗车循环使用 G72 程序段或以前指令的 G96 或 G97 功能。

③ 走刀路线：G72 走刀路线如图 6-2-17 所示。

端面粗加工的刀具走刀运动步骤，如表 6-2-6 所示。

表 6-2-6　端面粗加工的刀具运动步骤

步骤	说　　　明
1	由 A 点退到 C 点，移动 $\Delta u/2$ 和 Δw 距离
2	平行于 AA' 移动 Δd，移动方式由程序号中的 n_s 中的代码确定
3	切削运动，用 G01，到达轮廓 DE
4	以 X 轴 45°方向退刀，X 方向退刀距离为 e
5	快速返回到 Z 轴的出发点
6	重复第 2，3，4，5 步骤，直到按工件小头尺寸已不能进行完整的循环为止
7	沿精加工余量轮廓 DE 加工
8	从 E 点快速返回到 A 点

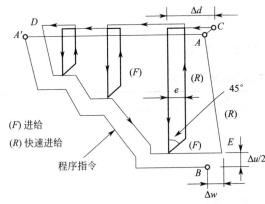

(F) 进给
(R) 快速进给
程序指令

图 6-2-17　G72 走到路线

④ 应用：G72 循环的各个方面都与 G71 相似，只需指定精加工路线和粗加工的背吃刀量、精车余量、进给量等参数，系统会自动计算粗加工路线和加工次数，大大简化编程。唯一区别就是它从较大直径向主轴中心线垂直切削，其切削方向平行于 X 轴，在程序段中不能有 X 方向的移动指令，以去除端面上的多余材料，它适用一系列端面切削粗加工圆柱，适用于圆盘类零件加工。

（3）FANUC 系统外圆、内孔精加工循环指令（G70）

① 指令功能　用 G71（G72 或 G73）粗车循环完毕后，用精加工指令，使刀具进行 $A\rightarrow A'\rightarrow B$ 的精加工。通常用在 G71（G72 或 G73）粗车后，且只能用于精加工已粗加工过的轮廓。

② 指令格式

格式：　　G70 P(ns) Q (nf)

说明：n_s——精加工路径第一程序段号；n_f——精加工路径最后程序段号。

当用 G71，G72，G73 粗车工件后，用 G70 来指定精车循环，切除粗加工留下的余量；在 G71，G72，G73 中的 F、S、T 无效，在执行 G70 时处于 n_s 到 n_f 程序段之间的 F、S、T 有效；在顺序号为 n_s 到顺序号为 n_f 的程序段中，不能调用子程序。G70 循环结束后，执行 G70 程序段的下一个程序段。

（四）刀尖半径补偿应用

1. 刀尖圆弧半径补偿的概念

任何一把刀具，不论制造或刃磨得如何锋利，在其刀尖部分都存在一个刀尖圆弧，它的半径值是个难以准确测量的值。为确保工件轮廓形状，加工时刀具刀尖圆弧的圆心运动轨迹，不能与被加工工件轮廓重合，而应与工件轮廓偏置一个半径值，这种偏置称为刀尖圆弧半径补偿。圆弧形车刀的刀刃半径补偿也与其相同。

2. 假想刀尖与刀尖圆弧半径

在理想状态下，我们总是将尖形车刀的刀位点假想成一个点，该点即为假想刀尖〔如图 6-2-18 所示的（O' 点）〕，在对刀时也是以假想刀尖进行对刀。但实际加工中的车刀，刀尖往往不是一个理想的点，而是一段圆弧（如图 6-2-18 所示的圆弧）。

所谓刀尖圆弧半径是指车刀刀尖圆弧所构成的假想圆半径（如图 6-2-18 所示的 R）。

3. 未使用刀尖圆弧半径补偿时的加工误差分析

用圆弧刀尖的外圆车刀切削加工时，圆弧刃车刀（如图 6-2-19 所示）的对刀点分别为端面切削点或外径切削点，所形成假想刀位点为 O' 点，但在实际加工过程中，刀具切削点在刀尖圆弧上变动，从而在加工过程中可能产生过切或欠切现象。因此，采用圆弧刃车刀在不使用刀尖圆弧补偿功能的情况下，加工工件会出现以下几种误差情况。

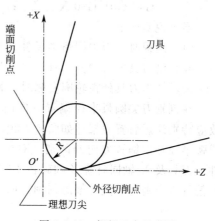

① 加工台阶面或端面时，对加工表面的尺寸和形状影响不大，但在端面的中心位置和台阶的夹角位置会产生残留误差，如图 6-2-19(a) 所示。

② 加工圆锥面时，对圆锥的锥度不会产生影响，但对锥面的大小端尺寸会产生较大的影响，通常情况下，会使外锥面的尺寸变大，如图 6-2-19(b) 所示，而使内锥面的尺寸变小。

图 6-2-18 假想刀尖示意图

③ 加工圆弧时，会使圆弧的圆度和圆弧半径产生影响。加工外凸圆弧时，会使加工后的圆弧半径变小，如图 6-2-19(c) 所示。加工内凹圆弧时，会使加工后的圆弧半径变大，如图 6-2-19(d) 所示。

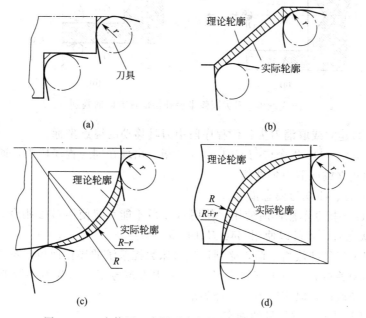

图 6-2-19 未使用刀尖圆弧半径补偿时的加工误差分析

4. 刀尖半径补偿指令功能

编程时若以刀尖半径圆弧中心编程，可避免过切削和欠切削现象，但计算刀位点比较麻烦，并且如果刀尖圆弧半径发生变化，还需要改动程序。目前的数控车床都具备刀具半径自动补偿功能，正是为解决这个问题所设定的。编程时，只需按工件的实际轮廓尺寸编程即可，不必考虑刀具的刀尖圆弧半径的大小。加工时由数控系统将刀尖圆弧半径加以补偿，由系统自动计算补偿值，产生刀具路径，完成对工件的合理加工。

5. 指令代码

格式：G41 G01/G00 X__ Z__ F__；　　　　　/刀尖圆弧半径左补偿
　　　 G42 G01/G00 X__ Z__ F__；　　　　　/刀尖圆弧半径右补偿

G40 G01/G00 X__ Z__ ;　　　　　　　　/取消刀尖圆弧半径补偿

指令说明如下。

（1）编程时，刀尖圆弧半径补偿偏置方向的判别如图 6-2-20 所示。沿 Y 坐标轴的负方向，并且沿刀具的移动方向看，当刀具处在轮廓左侧时，称为刀尖圆弧半径左补偿，此时用 G41 表示；当刀具处在轮廓右侧时，称为刀尖圆弧半径右补偿，此时用 G42 表示。

在判别刀尖圆弧半径偏置方向时，一定要沿 Y 轴由正向向负向观察刀具所处的位置，故应特别注意后置刀架［如图 6-2-20(a) 所示］和前置刀架［如图 6-2-20(b) 所示］对刀尖圆弧半径补偿偏置方向的区别。对于前置刀架，为防止判别过程中出错，可在图样上将工件、刀具及 X 轴同时绕 Z 轴旋转 180°，然后进行偏置方向的判别，此时正 Y 轴向外，刀补的偏置方向则与后置刀架的判别方向相同。

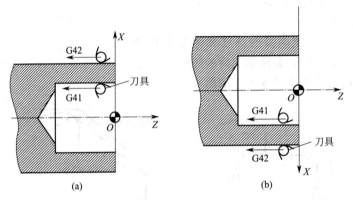

图 6-2-20　刀尖圆弧半径补偿偏置方向的判别

（2）X、Z 为建立或取消刀尖补偿程序段中刀具移动的终点坐标。

（3）G41、G42、G40 指令应与 G01 或 G00 指令出现在同一程序段中，通过刀尖补偿在平面的直线运动建立或取消刀尖补偿。

（4）G41、G42、G40 为模态指令。

（5）G41、G42 指令不能同时使用，使用 G41 后不能直接使用 G42 指令，必须先用 G40 解除 G41 刀补状态后，才可以使用 G42 刀补指令。

（6）使用刀尖半径补偿指令前，必须通过机床数控系统的操作面板向系统存储器中输入刀尖半径补偿的相关参数：刀尖圆弧半径 R 和刀尖方位号 T，作为刀尖圆弧半径补偿的依据。刀尖圆弧半径取值要以实际刀尖半径为准。

6. 圆弧车刀刀具刀尖方位号的确定

数控车床采用刀尖圆弧补偿进行加工时，如果刀具的刀尖形状和切削时所处的位置不同，那么刀具的补偿量和补偿方向也不同。根据各种刀尖形状及刀尖位置的不同，数控车刀的刀尖方位号共有 9 种，如图 6-20-21 所示。如图 6-2-21(a) 所示为后置刀架刀尖方位号（刀架在操作者内侧），如图 6-2-21(b) 所示为前置刀架刀尖方位号（刀架在操作者外侧）。图中 P 为假想刀尖点，S 为刀具刀尖方位号位置，r 为刀尖圆弧半径。当用假想刀尖编程时，假想刀尖方位号设为 1~8 号；当用假想刀尖圆弧中心编程时，假想刀尖方位号为 0 或 9。加工时，需要把代表车刀形状和位置的参数输入到存储器中。

除 9 号刀尖方位号外，数控车刀的对刀均是以假想刀位点来进行的。也就说，在刀具偏置存储器中或 G54 坐标系设定的值，是通过假想刀尖点［如图 6-2-21(c) 所示 P 点］进行对刀后所得的机床坐标系中的绝对坐标值。

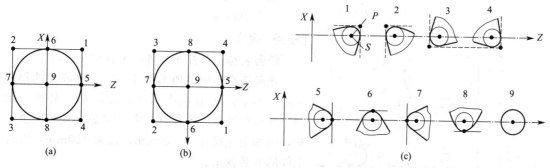

图 6-2-21 数控车床的刀具刀尖方位号位置

数控车床刀尖圆弧补偿 G41 /G42 的指令后不带任何补偿号。在 FANUC 系统中，该补偿号（代表所用刀具对应的刀尖半径补偿值）由 T 指令指定，其刀尖圆弧补偿号与刀具偏置补偿号对应，刀尖方位号与刀具的对应关系如图 6-2-22 所示。

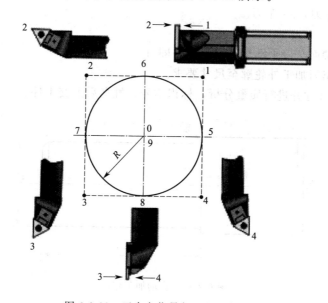

图 6-2-22 刀尖方位号与刀具对象关系

7. 刀尖圆弧半径补偿过程

刀尖圆弧半径补偿的过程分为三步：即刀补的建立（AB）、刀补的进行（BCDE）和刀补的取消（EF）。其补偿过程通过如图 6-2-23 所示和加工程序 00010 共同说明。

```
00010；
N10 G97 G99 S1000 M03；
N20 T0101；                        /选用 1 号刀，执行 1 号刀补
N30 G00 X0 Z10.0；
N40 G42 G01 X0 Z0 F0.05；          /刀补建立
N50 X40.0；                        /刀补进行
N60 Z-18.0；
N70 X80.0；
N80 G40 G00 X85.0 Z10.0；          /刀补取消
```

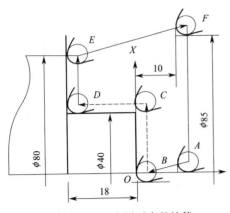

图 6-2-23　刀尖圆弧半径补偿

N90 X200.0 2100.0；

N100 M30；

【任务实施】

任务名称： 数控车削外圆编程加工练习

任务要求： 编制加工图 6-2-24 所示零件的程序并进行加工，使用 G01 指令，按图加工外圆、端面、倒角和倒圆。零件材料为 45♯钢，硬质合金刀具，已知毛坯尺寸为 φ30mm，长为 150mm，进行工件的安装找正。

任务器材： φ30mm 的圆钢、45°车刀、90°车刀、游标卡尺、装卸扳手、垫片若干。

操作步骤：

(1) 装夹 φ30mm 的圆钢，工件伸出卡盘长度 85mm，找正夹紧。

(2) 装夹 45°车刀，90°车刀。

(3) 对刀。

(4) 采用 45°端面车刀手动车端面，车平即可。

(5) 采用 90°车刀加工外轮廓至尺寸要求。

(6) 测量工件尺寸并进行质量分析，标识学号，姓名后上交工件。

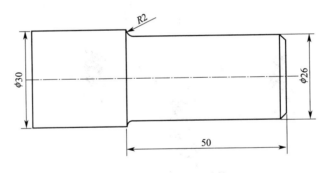

图 6-2-24　自动加工零件

参考程序：

O0100

N0010 G98 M03 S500；（指定进给速度为 mm/min，主轴以 500r/min 正转）

N0020 G00 X150. Z100.；（刀具退到安全位置）

N0030 T0101；（调 01 号刀，刀补号 01）

N0040 G00 X30. Z2.；（刀具到加工起点位置）

N0050　　　X0（加工起始）

N0060 G01 Z0 F100；（加工端面，进给速度为 100mm/min）

N0070　　　X26. C-2.；（加工 2×45°倒角）

N0080　　　　　　Z-50. R2.（加工 φ26 外圆及 R2 圆角）

N0090 G00 X150. Z100.；（刀具退到安全位置）

N0100 M05；（主轴停）

N0110 M30；（主程序结束并复位）

注意事项：加工过程中一定要提高警惕，将手放在"进给保持"或"急停"按钮上，如遇紧急情况，迅速按下按钮，防止意外事故的发生。

成绩评定：见表 6-2-7。

表 6-2-7 成绩评定

序号	检测项目	技术要求	配分/分	评分标准	检测结果	得分
1	机床操作	按步骤开机、检查、润滑	2	不正确无分		
2		回机床参考点	2	不正确无分		
3		按程序格式输入程序	2	不正确无分		
4		程序图形校验	2	不正确无分		
5		工、夹、刀具的正确安装	2	不正确无分		
6		正确的对刀操作	2	不正确无分		
7		检查刀具	2	不正确无分		
8	外圆	$\phi 30mm$	15	超差 0.1 不得分		
9		$\phi 26mm$	13	超差 0.1 不得分		
10	长度	50mm	10	超差 0.2 不得分		
11	倒角	$R2mm$	8	超差不得分		
12	编程	程序正确	30	程序酌情减分		
13	安全操作规程		10	违反一次扣 5 分		
总 配 分			100	总 得 分		
开始时间		时 分		检测人		
结束时间		时 分		评分人		

参 考 文 献

［1］ 柳成,刘顺心.金工实习.北京：冶金工业出版社，2010.

［2］ 郭术义.金工实习.北京：清华大学出版社，2011.

［3］ 朱江峰，姜英.钳工技能训练.北京：北京理工大学出版社，2011.

［4］ 孙文志，郭庆梁.金工实习教程.北京：机械工业出版社，2012.

［5］ 蒋森春.机械加工基础入门.北京：机械工业出版社，2013.

［6］ 卢万强.数控加工技术基础.北京：机械工业出版社，2012.

［7］ 刘春玲.焊工实用手册.合肥：安徽科学技术出版社，2013.